Felix Weiß

Einfach Vögel

100 Arten ganz leicht erkennen

KOSMOS

Inhalt

Vögel an der Futterstelle

Eine Futterstelle lockt das ganze Jahr über viele Vogelarten in den Garten. Hier kann man die Vögel oft über längere Zeit in Ruhe beobachten und lernt so die häufigsten Arten schnell und einfach kennen.

Kohlmeisen und **Blaumeisen** nehmen gerne hängende Futterspender an, die sich leicht reinigen lassen und für Katzen schwer erreichbar sind. Sitzstangen ermöglichen den weniger akrobatischen **Buchfinken** den Zugang zum Futter. Von den häufigen **Haussperlingen** unterscheiden sich die etwas kleineren **Feldsperlinge** durch einen schwarzen Fleck auf der Wange.

Die plumpen **Ringeltauben** leben in fast jedem Garten, an Futterstellen kommen sie jedoch seltener als die viel kleineren **Türkentauben**. **Grünfinken** mit ihren kräftigen Schnäbeln verhalten sich oft dominant gegenüber anderen Singvögeln.

Amseln fressen im Sommer Würmer und Insekten, aber im Winter müssen sie sich weitgehend auf Beeren und Sämereien umstellen. **Rotkehlchen** warten oft ab bis andere größere Arten verschwunden sind.

Elstern sind scheue Besucher und wagen sich selten an die Futterstelle. In Gärten mit älteren Bäumen sind auch **Buntspechte** regelmäßig zu Gast.

Vögel bestimmen

Wenn wir einem Vogel einen Namen geben, seine Artzugehörigkeit bestimmen, wird er begreifbar. Wir können mehr über sein Leben erfahren und den Moment der Beobachtung einordnen in andere Begegnungen mit Vögeln derselben Art. Der Vogel wird zu einem Bekannten, den man bei der nächsten Begegnung schneller wiedererkennt und der irgendwann so vertraut wird, dass man ihn auch bei einem flüchtigen Blick im Vorbeigehen erkennt und vieles über sein Leben weiß. Bei der ersten Begegnung steht man allerdings noch rätselnd vor dem unbekannten Federtier. Dass Vögel ständig in Bewegung sind, fliegen können

und meist Abstand zu uns Menschen halten, macht es oft zu einer großen Herausforderung, die feinen Unterschiede zu erkennen, die für die Unterscheidung der Arten manchmal wichtig sind.

Die Vogelarten in diesem Bestimmungsbuch sind nach ihrer Verwandtschaft angeordnet. Ähnliche Arten sind auf benachbarten Seiten abgebildet. Falls Sie einen unbekannten Vogel ungefähr einer Gruppe, zum Beispiel den Meisen, zuordnen können, ist der schnellste Weg zur Bestimmung direkt zur Gruppe zu blättern und dort die wenigen in Frage kommenden Arten zu studieren.

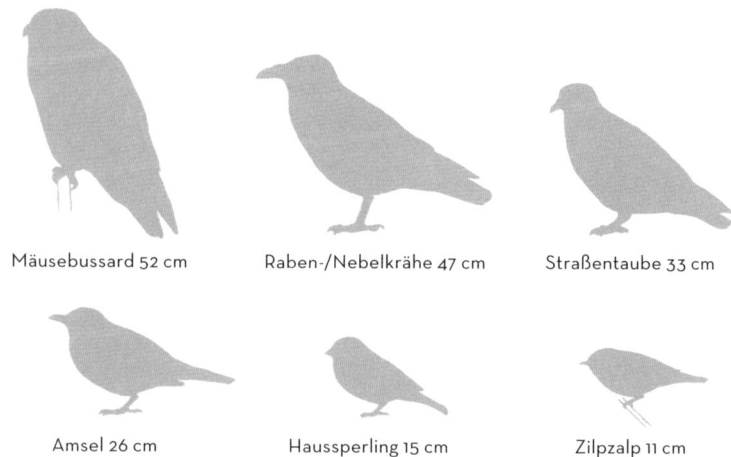

Mäusebussard 52 cm   Raben-/Nebelkrähe 47 cm   Straßentaube 33 cm

Amsel 26 cm   Haussperling 15 cm   Zilpzalp 11 cm

Vergleichen Sie einen unbekannten Vogel mit obigen Referenzarten und schätzen Sie so die Größe ab. Sie ist ein wichtiges Merkmal für die Bestimmung.

Die Größe

Falls Sie keine solche spontane Eingebung haben, müssen Sie etwas systematischer vorgehen. Das vielleicht wichtigste Bestimmungsmerkmal eines Vogels ist seine Größe. Versuchen sie die Größe relativ zu anderen Vogelarten abzuschätzen, die Ihnen vertraut sind. Ist der unbekannte Vogel größer als ein Haussperling, aber kleiner als eine Amsel? Zu jeder Vogelart ist bei den Abbildungen die durchschnittliche Größe angegeben, die als Vergleich zu den Referenzarten wichtige Hinweise für die Bestimmung liefert. Die meisten Singvogelarten sind vergleichsweise kleine Vögel und im Buch ab Seite 79 abgebildet.

Finken wie dieser Grünfink (oben) ernähren sich vegetarisch und haben kräftige Schnäbel, Insektenfresser wie die Nachtigall haben dünne spitze Schnäbel.

Der Schnabel

Unser Blick fällt bei einem Vogel genau wie bei einem Menschen zuerst auf die Augen und das Gesicht. Bei Vögeln ist natürlich auch der Schnabel ein entscheidendes Merkmal. Die Zeichnung des Kopfes scheint auch für Vögel untereinander von besonderer Bedeutung zu sein: für die Erkennung von Artgenossen und bei der Partnerwahl. Besonders wichtig für die Bestimmung ist die Form des Schnabels. Nach ihr können Vögel auch grob einer Gruppe zugeordnet werden.

Die Schnabelform zeigt die Ernährungsweise: Haubentaucher (Fischfresser), Rotmilan (Fleischfresser) und Bekassine (stochert im Schlamm nach Nahrung).

Frei nach dem Motto *Zeig mir deinen Schnabel und ich sag dir was du frisst* kann aus der Form auf die Ernährungsgewohnheiten geschlossen werden.

Singvögel mit großen stumpfen Schnäbeln ernähren sich überwiegend von vegetarischer Kost: von Pflanzensamen und Knospen. In diese Gruppe gehören die Finken, die Ammern und die Sperlinge. Die meisten anderen Singvogelarten ernähren sich fast ausschließlich von Insekten, Würmern und Schnecken und haben dünne, spitze Schnäbel. Greifvögel, Falken und Eulen sind an ihren kräftigen hakenförmigen Schnäbeln leicht als Jäger von Mäusen und Vögeln zu erkennen. Watvögel, die Wasserralle und der Wiedehopf stochern mit ihren langen dünnen Schnäbeln im Boden nach Insektenlarven und Würmern. Vögel, die Fische jagen, haben oft dolchförmige, kräftige Schnäbel, so zum Beispiel der Haubentaucher, der Basstölpel, der Graureiher, die Flussseeschwalbe und auch der Eisvogel.

Der Kopf

Das Kopfgefieder zeigt oft ebenfalls charakteristische Merkmale, die für die Bestimmung wichtig sind. Bei vielen Vogelarten zieht sich ein heller Streifen über dem Auge zum Nacken. Dieser Überaugenstreif erinnert an eine Augenbraue und erzeugt häufig einen etwas strengen Gesichtsausdruck. Vögel ohne

Überaugenstreifen wie beim Zaunkönig oder Masken wie beim Kleiber sind wichtige Gefiedermerkmale für die Bestimmung.

Überaugenstreif, wie das Rotkehlchen oder das Wintergoldhähnchen, wirken offener und freundlicher. Bei einigen Arten, wie Kleiber oder Neuntöter, ist das Auge auch in einer dunklen Maske verborgen.

Das Gefieder

Die Muster auf Flügeln und Bauch liefern weitere wichtige Hinweise für die Bestimmung. Da wir Vögel häufig von unten sehen, ist die Zeichnung auf dem Bauch und der Brust oft besonders auffällig. Sie kann einfarbig sein, wie bei einer Amsel, mehr oder weniger kräftig gestreift wie bei einer Heckenbraunelle, gefleckt wie bei einer Singdrossel oder quer gebändert wie bei einem Sperber.

Das Kinn direkt unterhalb des Schnabels oder die Kehle sind bei vielen Arten auffällig anders gefärbt als der Bauch. Dieses Merkmal ist oft gut zu erkennen und zum Beispiel für viele Meisen oder den Kernbeißer typisch. Auf den Flügeln sind häufig ein bis zwei helle Querbänder zu erkennen, die durch die hellen Spitzen der Federn gebildet werden und wichtige Bestimmungsmerkmale darstellen.

Vögel im Flug

Die Bestimmung von fliegenden Vögeln ist vielleicht die größte Herausforderung. Oft hat man nur wenige Augenblicke Zeit für die Beobachtung, und Merkmale sind schwerer zu erkennen als bei sitzenden Vögeln. Gegen den hellen Himmel löst sich der Vogel oft völlig in einer dunklen Silhouette auf. Besonders hilfreich ist bei fliegenden Vögeln daher auch die Einschätzung der Größe im Vergleich zu bekannten Arten. Auch die Gestalt ist für die Bestimmung im Flug sehr wichtig, insbesondere die Länge und Form der Schwanzfedern ist oft charakteristisch. Sie kann die Form eines Keils einnehmen, sanft gerundet sein oder tief gekerbt wie bei Rotmilan und Rauchschwalbe. Auch die Flügelspitze kann sehr

unterschiedlich gestaltet sein, spitz wie bei Falken und dem Mauersegler oder rund mit sichtbaren einzelnen Federspitzen wie bei Mäusebussard und Eichelhäher.

Auch wenn Details der Färbung oft nicht zu erkennen sind, sollten Sie doch auf die Färbung der äußersten Schwanzfedern achten. Bei manchen Arten sind diese auffällig weiß gefärbt, auch Querbinden auf dem Schwanz oder eine breite Endbinde sind auffällige Merkmale. In den Flügeln lässt sich manchmal ein kontrastreicher heller Flügelstreif erkennen, wie bei Austernfischer oder Stieglitz.

Weitere Bestimmungsmerkmale

Im Buch sind wichtige Bestimmungsmerkmale durch kurze Erläuterungen an den Abbildungen hervorgehoben. Auf Fachbegriffe wurde dabei bewusst verzichtet, um den Einstieg in die Vogelbeobachtung möglichst einfach zu gestalten. Ansonsten sprechen die naturgetreuen Illustrationen von Paschalis Dougalis für sich und werden im Text nicht weiter beschrieben. Vielmehr finden Sie im ersten Absatz eine kurze Charakterisierung der Art mit unterschiedlichen Aspekten zum Beispiel zu Verhalten, Lebensraum oder Vogelzug.

Der zweite Absatz stellt Besonderheiten der Art vor, denn das Leben der Vögel hat viele spannende Geschichten zu bieten.

Die Auswahl der Arten in diesem Buch

In diesem Bestimmungsbuch fnden Sie 100 Vogelarten Mitteleuropas, überwiegend häufige, weit verbreitete Arten, die überall beobachtet werden können.

Die Auswahl erleichtert die Bestimmung für Einsteiger in die Vogelbeobachtung. Es kann vorkommen, dass Sie einem Vogel begegnen, den Sie trotz sorgfältigem Vergleich mit den Abbildungen im Buch nicht finden. Aber vielleicht konnten Sie ihn zumindest einer Vogelgruppe zuordnen.

Sie sollten dann die Bestimmung mit einem umfassenderen Bestimmungsbuch wie zum Beispiel *Was fliegt denn da?* oder *Der neue Kosmos Vogelführer* fortsetzen und können mit den notierten Merkmalen gleich in der richtigen Gruppe einsteigen.

Die Stimmen der Vögel

Vielleicht sind uns Vögel deshalb so vertraut, weil sie sich ebenfalls überwiegend mit ihrer Stimme verständigen.

Während Hunde und Katzen sich beschnuppern, üben sich Vögel im Sängerwettstreit. Im Frühjahr tragen die Männchen ihre oft melodischen Gesänge vor, um ihr Revier gegen Artgenossen abzugrenzen und um Weibchen von sich zu überzeugen. Die Qualität der Stimme stellt für diese nämlich eines der wichtigsten Kriterien bei der Partnerwahl dar. Haben sich die Partner gefunden verstummt der Gesang oft sehr abrupt, denn nun stehen Nestbau, Brutgeschäft und die Aufzucht der Küken im Vordergrund.

Männchen, die keine Partnerin gefunden haben, singen hingegen oft

Auch einige besondere Arten, wie hier der Bienenfresser sind im Buch vertreten, denn sie repräsentieren die Vielfalt der Vogelwelt hierzulande.

über das gesamte Frühjahr hinweg. Außerhalb der Brutzeit verständigen sich Vögel durch kurze einfach strukturierte Rufe, mit denen die Vögel eines Schwarms oder einer Familie in Kontakt bleiben oder vor Feinden warnen. Die Gesänge und Rufe sind bei jeder Vogelart anders und mit etwas Übung lassen sich viele Arten nur anhand ihrer Stimme erkennen. Rufe sind allerdings deutlich schwerer zu erlernen, da sie nicht so markant sind wie Gesänge. Es gibt wenige Fähigkeiten, die so erfüllend sind wie einen Vogel anhand seiner Stimme zu erkennen, und jeder kann es erlernen. Hierfür möchten wir Ihnen 5 Tipps für den Weg zum Vogelstimmen-experten mitgeben:

Im Frühjahr markieren die Männchen mit Gesang ihr Revier und buhlen um die Aufmerksamkeit von Weibchen, wie hier dieser Star.

1. Fangen Sie früh im Jahr an, Vogelgesänge zu lernen. Meisen und Kleiber beginnen bereits im Februar zu singen. Die Vielfalt der Gesänge ist dann noch überschaubar und die Vögel sind in den noch unbelaubten Bäumen und Büschen leicht zu entdecken.

2. Schauen Sie Vögeln beim Singen zu. Der Gesang in Kombination mit dem Bild des Vogels und seinem Verhalten prägt sich besonders gut ein.

3. Trainieren Sie Ihr Gehör. Schließen Sie im Garten oder im Wald einfach mal für ein paar Minuten die Augen und lauschen Sie nur den Vogelstimmen. Oft geht der Gesang der Vögel

im Rauschen des Alltags unter, und dieser Schritt hilft uns die Vogel-stimmen bewusst wahrzunehmen.

4. Fangen Sie einfach und mit wenigen Arten an. Versuchen Sie doch einmal die Gesänge von Kohl-meise und Blaumeise auseinanderzu-halten oder prägen Sie sich die einfachen Gesangsstrophen von Ringel-taube, Buchfink und Zilpzalp ein.

5. Nutzen Sie Ihr Smartphone als Werkzeug. Mit der KOSMOS-Plus-App können Sie sich die Stimmen von allen Vogelarten im Buch anhören. Unbekannte Gesänge können Sie mit dem Smartphone aufnehmen und so vielleicht später bestimmen.

Vor der Brutzeit tauscht die Lachmöwe die weißen Kopffedern des Schlichtkleids gegen die samtbraunen Federn des Prachtkleids.

Die Mauser

Federn sind filigrane empfindliche Gebilde und nutzen sich schnell ab. Vögel müssen sie daher regelmäßig erneuern. Die alten abgenutzten Federn werden abgestoßen und neue Federn wachsen nach – der Vogel mausert, wie die Ornithologen sagen. Die meisten Vögel mausern einmal im Jahr ihr ganzes Federkleid. Häufig wird ein Teil der Federn auch ein zweites Mal im Jahr gewechselt. Neben dem Austausch von beschädigten Federn schlüpfen sie mit der Mauser auch in ein neues, oft anders gefärbtes Federkleid. Für die Brutzeit im Frühjahr legen sie ein auffällig gefärbtes Prachtkleid an und mausern im Sommer nach der Brutzeit in ein unauffälliges Schlichtkleid, welches sie im Herbst und Winter besser tarnt.

Jungvögel tragen in den ersten Monaten ein charakteristisches Jugendkleid, das sich oft sehr von dem der Altvögel unterscheidet. Bei einigen langlebigen Arten wie Basstölpel oder Silbermöwe dauert es mehrere Jahre und Mauserzyklen, bis die Vögel das komplette Federkleid der Altvögel tragen.

Jede Vogelart hat ganz unterschiedliche Strategien in welcher Reihenfolge, wie schnell und zu welcher Zeit die Mauser erfolgt.

Der Prozess ist für die Vögel eine große Anstrengung. Nicht nur, weil die Produktion der Federn viel Energie braucht, auch die Flugfähigkeit und die Wärmeisolation sind während der Mauser eingeschränkt. Bei den meisten Vogelarten findet die Mauser im Sommer gegen Ende der Brutzeit statt, wenn Nahrung reichlich verfügbar ist und bevor sie die anstrengende Wanderung ins Winterquartier antreten.

Entenvögel werfen sogar alle ihre Flügelfedern gleichzeitig ab und sind kurzzeitig flugunfähig. Bei Greifvögeln wiederum werden die Flügelfedern immer nur einzeln und auf beiden Seiten symmetrisch abgeworfen, und die Mauser zieht sich über einen sehr langen Zeitraum, so dass die Flugfähigkeit nie zu sehr beeinträchtigt ist. Achten Sie einmal darauf, wie sich die Färbung der Vögel zwischen Winter und Frühjahr verändert und beobachten Sie im Spätsommer, ob bei einem vorbeifliegenden Vogel gerade eine Feder im Flügel fehlt, dann mausert er.

Zugvögel und Standvögel

Der Vogelzug ist ein eindrucksvolles Phänomen. Jeden Herbst brechen Abermillionen Vögel zu einer langen Wanderung von ihren nordischen Brutgebieten in das tropische Winterquartier auf. Sie fliegen tausende Kilometer, überqueren Hochgebirge, fliegen durch Unwetter, über Meere und die größte Wüste der Erde bis sie in den warmen Tropen einen geeigneten Zufluchtsort während der kalten Jahreszeit gefunden haben. Im Frühjahr wiederholen sie ihre weite Reise in umgekehrter Richtung. Ausgehend von dem grundsätzlichen Konzept des Vogelzugs hat jede Vogelart ihre ganz eigene Strategie entwickelt. Wann sie aufbricht, wann

sie zurückkehrt, wie weit und schnell und zu welcher Tages-/Nachtzeit sie fliegt, allein oder in großen Gruppen. Bei vielen Arten haben die Brutvögel auch je nach Region sehr unterschiedliche Zugstrategien entwickelt. Während die Rauchschwalben, die in einem Kuhstall in Norddeutschland brüten, als ausgesprochene Zugvögel den Winter in der Feuchtsavanne Westafrikas verbringen, fliegen die Rauchschwalben in Ägypten standorttreu sommers wie winters über den Nil.

Alle individuellen Unterschiede im Zugverhalten beiseite gelassen, kann man doch grob die Frühjahrsmonate März und April sowie die Herbstmonate September und Oktober als die herausstellen, in denen der Vogelzug am intensivsten und am besten erlebbar ist. Zu diesen Zeiten lohnt es sich besonders, mit dem Fernglas vor die

Kraniche ziehen im Herbst in Formation ins Winterquartier in Spanien.

Sumpfmeisen bleiben das ganze Jahr über in ihrem Revier und legen für den Winter Nahrungsvorräte an.

Einige Standvögel wie die Eichelhäher legen Nahrungsvorräte für den Winter an. Nur die Jungvögel gehen auch bei Standvögeln auf Wanderschaft. Wenn sie selbstständig geworden sind, siedeln sie sich in einiger Entfernung von den Eltern an. Gelegentlich packt aber auch Standvögel die Wanderlust, meist ausgelöst durch Nahrungsknappheit. Der Seidenschwanz, der in der Regel das ganze Jahr über in nordischen Nadelwäldern lebt, erscheint im Winter zum Beispiel unregelmäßig in Mitteleuropa.

Tür zu gehen, und täglich wird man neue Beobachtungen von Vögeln machen können, die man sonst nicht zu Gesicht bekommt, die einfach nur mal kurz vorbeiziehen. Das Phänomen des Vogelzugs bedeutet auch, dass Sie eine große Zahl von Vogelarten in diesem Buch im Winter nicht in Mitteleuropa antreffen werden und einige wenige Arten aus Nordeuropa wiederum nur im Winter. Achten Sie also bei der Bestimmung auf Hinweise zum Zugverhalten in den Artbeschreibungen.

Ein Kommen und Gehen

Das Gegenteil vom Zugvogel ist der Standvogel. Standvögel harren das ganze Jahr über in ihrem Revier aus. Sie nutzen das Nahrungsangebot, das dort zur Verfügung steht, und stellen es gegebenenfalls um. Standorttreu sind zum Beispiel Rebhühner, Uhus oder Kleiber.

Die richtige Ausrüstung

Unentbehrlich für die Vogelbeobachtung ist ein Fernglas. Zum Glück ist in fast jedem Haushalt eines vorhanden. Auch alte schwere *Feldstecher* oder kleine *Operngläser* erfüllen für den Anfang ihren Zweck. Ansonsten sind Einsteigermodelle recht günstig im Fotofachhandel zu bekommen. Alle Ferngläser werden mit zwei Zahlen und einem x dazwischen beschrieben zum Beispiel 10 x 40.

Die erste Zahl gibt die Vergrößerung an. Eine 10-fache Vergrößerung bedeutet, dass ein Vogel der 100 m entfernt ist durch das Fernglas so aussieht als würde man ihn mit dem bloßen Auge aus 10 m Entfernung sehen. Zu empfehlen sind Ferngläser mit acht- oder zehnfacher Vergrößerung. Weniger reicht oft nicht aus, um die für die Bestimmung notwen-

digen Details zu erkennen und mehr führt zu einem unruhigen Bild, da auch alle Zitterbewegungen der Hand entsprechend verstärkt werden.
Die zweite Zahl gibt den Durchmesser der vorderen Öffnung des Fernglases in Millimetern an. Je größer diese Öffnung, umso mehr Licht gelangt ins Fernglas und umso heller wird in der Theorie das Bild. In der Praxis ist dieser Effekt ab einem Durchmesser von 40 mm nicht weiter erkennbar und spätestens bei über 50 mm wird die Konstruktion unhandlich und unbequem schwer. Ein Durchmesser von unter 30 mm wiederum führt zu einem störend dunklen Bild.

Das ideale Fernglas

Ideal für die Vogelbeobachtung sind Ferngläser mit der Kennzeichnung 10 x 40. Bei den allermeisten Modellen wird die Schärfe über ein Rad in der Mitte des Fernglases zentral für beide Augen eingestellt. Es gibt allerdings auch Modelle, bei denen die Schärfe individuell für jedes Auge eingestellt werden muss. Solche Ferngläser sind besonders in der Seefahrt verbreitet, aber für die Vogelbeobachtung ungeeignet, da Vögel einem meist sehr viel näher kommen als Schiffe am Horizont und die Schärfe dementsprechend häufig und schnell neu eingestellt werden muss.
Ferngläser sind empfindliche optische Geräte und schon ein Fall auf den Boden kann sie irreparabel zerstören. Nicht indem das Glas der Linsen zersplittert, sondern indem die eigentlich perfekt parallel ausgerichteten Hälften des Fernglases sich gegeneinander verschieben. Der Blick durch ein solches, kaputtes Fernglas zeigt zwei gegeneinander verschobene Bildern, die nicht mehr übereinander passen

Das einzige unentbehrliche Werkzeug für die Vogelbeobachtung ist ein Fernglas.

und beim Durchblick ein Schwindel-
gefühl erzeugen. Bei einem funktions-
fähigen Fernglas fügen sich die beiden Bilder zu einem plastischen Bild
zusammen, ohne dass die Augen sich
anstrengen müssen. Beim Kauf eines
gebrauchten Fernglases sollte das
unbedingt überprüft werden. Auch
Feuchtigkeit ist für günstige Modelle
ein Problem, wohingegen teure Ferngläser meist getrost mit in den Regen
genommen werden können. Neben
einem Fernglas benötigen Sie für die
Vogelbeobachtung nur noch ein Bestimmungsbuch, das Sie hier bereits
in Händen halten und gegebenenfalls
ein Smartphone mit der KOSMOS-
Plus-App. Und das reicht an Ausrüs-
tung, ein Leben lang.

Vögel beobachten

Vögel können Sie immer und überall
beobachten. Es ist fast unmöglich
irgendwo in Mitteleuropa zehn Minuten aus dem Haus zu gehen und
keinen Vogel zu sehen oder zu hören,
selbst in Großstädten. Aber trotzdem nehmen die meisten Menschen
Vögel im Alltag nicht bewusst wahr,
zu stark ist das Rauschen der Umgebung.
Der erste und wichtigste Schritt für
die Vogelbeobachtung ist daher mit
dem Fernglas und diesem Bestimmungsbuch bewusst aus dem Haus
zu gehen, um Vögel zu beobachten.
Sie müssen nicht weit gehen oder
gar fahren. Schon im Garten oder
im nächsten Park können Sie eine

Vielzahl an Vogelarten erwarten.
Behalten Sie beim Beobachten aber
immer das Wohl der Vögel im Blick.
Unbedingt sollten Sie es vermeiden
Vögel unnötig zu stören, insbesondere brütende Vögel brauchen viel
Ruhe. Auch reagieren Vögel sehr
empfindlich, wenn man ihre Gesänge
mit einem Smartphone in der Natur
laut abspielt und können dann sogar
ihr Revier oder ihre Brut aufgeben.
Mit diesen wichtigen ethischen
Grundsätzen der Vogelbeobachtung
vertraut, können Sie sich auf die
spannende Reise in die Vogelwelt
begeben.

Die beste Tageszeit

Die höchste Aktivität werden Sie in
den frühen Morgenstunden erleben.
Vögel sind Frühaufsteher und fallen
am späten Vormittag in ein Mittags-
tief, das sich auch beim Beobachten
deutlich spüren lässt, aber nicht bedeutet, dass sich das Beobachten
tagsüber gar nicht lohnt. Eine große
Rolle für den Erfolg oder Misserfolg
Ihres Ausflugs in die Vogelwelt spielt
neben der Tageszeit das Wetter.
Besonders störend für die Vogelbeobachtung ist kräftiger Wind. Vögel
sind an windigen Tagen zwischen
wankenden Ästen und schaukelnden
Blättern deutlich schlechter zu entdecken und auch ihre Stimmen sind
schlechter hörbar. Wenn Sie die
Wahl haben, sollten Sie zumindest
für den Einstieg einen möglichst
windstillen Tag wählen.

Zur richtigen Zeit am richtigen Ort

Einen besonderen Reiz der Vogelbeobachtung machen die Jahreszeiten aus. Im Frühjahr, von Mitte Februar bis Juni, steht das Brutgeschäft im Vordergrund. Männchen tragen ihre Gesänge vor und sind im Prachtkleid besonders auffällig gefärbt. Eine wunderbare Zeit für die Vogelbeobachtung, denn jede Woche kehren weitere Arten aus dem Winterquartier zurück.

Im Sommer, wenn die Gesänge verstummen und Vögel sich zur Mauser an geschützte Orte zurückziehen, kann die Landschaft hingegen praktisch vogelleer wirken. Besonders Ausflüge im Wald können im Juli und August aus Sicht eines Vogelbeobachters ernüchternd sein. Zu dieser Zeit sind eher Feuchtgebiete, Seen, Flüsse und die Küsten von Nord- und Ostsee spannende Beobachtungsgebiete, an denen sich das Vogelleben konzentriert. Im September und Oktober ist dann der Vogelzug in vollem Gang und praktisch überall sind interessante Beobachtungen zu erwarten. Im Winter wird es wieder ruhiger, aber Vögel sind in den kahlen Bäumen auch leichter zu finden. Im heimischen Garten kann man zu dieser Zeit an einer Futterstelle spannende Beobachtungen machen und auch in Feuchtgebieten ist häufig eine große Zahl von Vogelarten zu beobachten. Ihre Beobachtungen sollten sie unbedingt notieren, zum Beispiel in Form von kleinen Einträgen mit Bleistift neben den Abbildungen im Buch oder auch digital. Der Dachverband Deutscher Avifaunisten, die Schweizer Vogelwarte Sempach und Birdlife Österreich betreiben unter *www.ornitho.de* beziehungsweise *www.ornitho.ch* und *www.ornitho.at* das Portal Ornitho, auf dem man sich einen persönlichen Zugang einrichten und dann am Computer oder mit einer App Beobachtungsdaten eintragen kann. Neben den eigenen Beobachtungen kann man auch die von anderen Nutzern recherchieren und so viel über die Vogelwelt in der Umgebung erfahren. Aber Vorsicht: Vögel beobachten macht süchtig. ∎

Kuckucke beobachten Sie am leichtesten im Mai und Juni.

100 Vögel

Höckerschwan  001

CYGNUS OLOR

Höckerschwäne sind eine imposante Erscheinung,
wenn sie mit aufgestellten Flügeln gemächlich dahin-
schwimmen oder auch im Flug, wenn die Flügel mit
jedem Schlag einen laut wummernden Ton erzeugen.

langer Hals

Jungvogel: schmutzig
graubraunes Gefieder und
kleiner Schnabelhöcker

150 cm lang, roter Schnabel
mit schwarzem Höcker,
Hals s-förmig gehalten
und beige überhaucht

langer, spitzer
Schwanz

schwarze Füße

Die großen, kräftigen Vögel verteidigen ihr Revier und insbesondere
das Nest und die Küken furchtlos. Auch Menschen werden attackiert,
wenn sie sich zu sehr nähern. Zwischen den gräulichen Schwanenküken
fällt gelegentlich ein besonders helles Individuum auf. Eine regelmäßige
Farbvariante, die sich auch bei den Altvögeln noch an der hellgrauen,
statt schwarzen Farbe der Füße erkennen lässt. ■

Graugans

ANSER ANSER

Graugänse sind sehr gesellig und äsen als reine Vegetarier in oft großen Scharen auf ufernahen Wiesen oder auf Feldern die Spitzen von Gräsern und Getreide ab.

hellgraue Oberflügel und zweifarbige Unterflügel

80 cm lang, kräftiger, oranger Schnabel, Kopf so hell wie Rücken

heller Bauch ohne schwarze Binden

Schwanz mit breiter, weißer Endbinde

blassrosa Beine

Graugänse fliegen in charakteristischer V-Formation und sparen dabei durch geschicktes Ausnutzen der Luftverwirbelung ihrer Nachbarn viel Energie. Aber die Formation ermöglicht auch eine optimale Kommunikation im Schwarm und hilft, Kollisionen zu vermeiden. Vor dem Landen löst sich die Formation auf und wechselt in einen reißenden, taumelnden Flug, als würden die Gänse abstürzen. Dies ist oft abends beim Einflug an den Schlafgewässern zu beobachten oder in der Mittagszeit, wenn Gewässer zum Trinken und Baden aufgesucht werden. ∎

Nilgans [003]

ALOPOCHEN AEGYPTIACA

Von Parkvögeln abstammend haben Nilgänse in den letzten 50 Jahren ganz Mitteleuropa besiedelt und gehören mittlerweile besonders in Städten zu den häufigsten Wasservögeln.

große, weiße Flügelfelder auf Ober- und Unterflügel

70 cm lang, helle Iris und dunkle Maske ums Auge

beige Brust mit zentralem dunklem Fleck

grün schillerndes Flügelfeld

lange, rosa Beine

Nilgänse bauen ihre Nester bevorzugt in luftiger Höhe in Bäumen oder in Baumhöhlen. Dort benutzen sie die Nester anderer Arten als Unterlage. Auf Inseln brüten sie aber auch am Boden oder sie finden in Erdhöhlen geeignete Brutplätze, die sie aggressiv verteidigen. Die Brutzeit ist sehr variabel und erstreckt sich vom Frühjahr bis in den Herbst. Selbst im Winter werden Bruten beobachtet, was vielleicht noch ihrem alten Brutrhythmus in den Herkunftsgebieten in Afrika entspricht. ∎

Stockente 004

ANAS PLATYRHYNCHOS

Auf jedem Dorfteich schwimmen Stockenten. Farbvarianten in allen Schattierungen von fast schwarzen bis weißen Enten gehen auf Einkreuzungen von gezüchteten Hausenten zurück.

blaues Flügelfeld mit weißen Rändern

Weibchen: Schnabel orange mit braunem Fleck

gründelt nach Nahrung

Männchen im Schlichtkleid: gelber Schnabel

Männchen im Prachtkleid: 56 cm lang, metallisch grüner Kopf, gelber Schnabel, sichelförmige Schwanzfedern

Männchen tragen die meiste Zeit des Jahres ein buntes Prachtkleid. Nur im Sommer, bevor sie alle ihre Schwungfedern auf einmal erneuern und etwa einen Monat flugunfähig sind, mausern sie sich und bekommen ein tarnendes Schlichtkleid. Am gelben Schnabel sind sie auch zu dieser Zeit von den Weibchen unterscheidbar. Die Weibchen, die alleine brüten und die Küken führen, können sich ein solch auffälliges Gefieder nicht erlauben. Sie wechseln ihre Schwungfedern etwas später als die Männchen, bevor die Küken flügge werden. ∎

Rebhuhn  `005`

PERDIX PERDIX

Rebhühner leben als ursprüngliche Steppenbewohner in abwechslungsreichen Kulturlandschaften mit Brachflächen, Hecken und Blühstreifen.

runder Schwanz und breite Flügel

30 cm lang, orange Kehle, heller Schnabel

fein marmoriertes Tarngefieder, Seiten rötlich gebändert

dunkler Bauchfleck

Die Küken sind Nestflüchter und schlüpfen mit einem flauschigen Dunengefieder. Das Männchen führt die zuerst geschlüpften Geschwister vom Nest weg, während das Weibchen noch brütet und später mit dem Rest der Brut folgt. Die Küken fressen zunächst überwiegend Insekten. Schon im Alter von 2 Wochen können sie zur Flucht kurze Strecken fliegen, obwohl das restliche Gefieder noch überwiegend aus Dunen besteht. ∎

Wachtel 006

COTURNIX COTURNIX

Heimlich schlüpfen Wachteln durch die Halme von Getreidefeldern und durch Wiesen. Ihr meist nächtlicher Gesang, der Wachtelschlag *pick-per-wick*, verrät ihre Anwesenheit.

spitzer Schwanz und spitze Flügel

Nur in äußerster Not fliegen Wachteln im Brutgebiet zur Flucht kurz auf. Dabei sind die ausdauernden Zugvögel hervorragende Flieger, die jedes Jahr die weite Reise über das Mittelmeer und die Sahara zurücklegen. Die Küken wachsen sehr schnell heran und können bereits im Alter von drei Monaten selber brüten. Einige Wachteln brüten im zeitigen Frühjahr zunächst in Nordafrika und ziehen anschließend für eine zweite Sommerbrut nach Mitteleuropa. ■

kontrastreiche, braunweiße Gesichtszeichnung, dunkler Schnabel

18 cm lang, klein und pummelig

Jagdfasan [007]

PHASIANUS COLCHICUS

Jagdfasane wurden vielleicht schon zu Römerzeiten
aus ihrer ursprünglichen Heimat in Asien nach Europa
gebracht und leben hier besonders in tief gelegenen,
wintermilden Regionen.

blau schillernder Kopf und
rote Maske, heller Schnabel,
oft mit weißem Halsring

Weibchen: beiges Gefieder
mit schwarzem Fleckenmuster,
lange, spitze Schwanzfedern,
gut getarnt

Männchen: 85 cm lang, sehr langer,
gebänderter Schwanz

In ihrem natürlichen Verbreitungsgebiet vom Schwarzen Meer bis China werden
nicht weniger als 30 Unterarten des Jagdfasans unterschieden. In Mitteleuropa
ist daraus eine bunte Mischung verschiedenster Unterarten und Kreuzungen ent-
standen. Am auffälligsten ist die Variation bei den Männchen, die oft den auffälligen
weißen Halsring der westlichsten Unterart *colchicus* zeigen. Immer noch werden
von Jägern in vielen Regionen alljährlich gezüchtete Fasane ausgesetzt. ■

Haubentaucher 008

PODICEPS CRISTATUS

Haubentaucher sind perfekt an das Leben im Wasser angepasst und kommen nie an Land, selbst das Nest ist eine schwimmende Plattform, verankert an Pflanzen.

viel Weiß auf den Flügeln, lange Füße sichtbar

Jungvogel: gestreiftes Gesicht

Schlichtkleid: Hinterkopf eckig, Kopf sehr hell

Prachtkleid: 50 cm lang, schwarze Federohren und fuchsrote Halskrause, Hals vorne weiß, Körper endet stumpf

Im Frühjahr vollführen Haubentaucher eine spektakuläre, sorgfältig choreographierte Balzzeremonie. Mit gespreizter Halskrause und aufgestellten Federohren schwimmen die Partner voreinander auf und ab, schütteln ihre Köpfe und putzen immer wieder zum Schein ihr Rückengefieder. Später schwimmen sie mit Nistmaterial im Schnabel aufeinander zu und schieben sich paddelnd Brust an Brust in die Höhe, bis sie unter kräftigem Kopfschütteln senkrecht im Wasser stehen. ■

Basstölpel 009

MORUS BASSANUS

Basstölpel streifen die meiste Zeit ihres Lebens über die Ozeane und Meere. Nur zum Brüten versammeln sie sich in großen Kolonien an felsigen Küsten und auf kleinen Inseln.

95 cm lang, gewaltiger dolchförmiger Schnabel, Kopf und Nacken gelb, weiß mit schwarzen Flügelspitzen

schwarze Flügelspitzen

Jungvogel: schiefergrau mit weißen Sprenkeln

nicht ausgewachsene Vögel mit geschecktem Federkleid

Basstölpel jagen ihre Beute durch spektakuläres Stoßtauchen aus großer Höhe. Mit zurückgeworfenen Flügeln schießen sie wie ein Pfeil senkrecht ins Wasser. Kurz vor dem Eintauchen sind sie etwa 100 km/h schnell. Luftsäcke unter der Haut dämpfen den Aufprall. Wenn sie die Beute nicht direkt mit dem Schnabel ergreifen, verfolgen sie sie paddelnd mit den großen Füßen, unterstützt durch Ruderbewegungen der langen Flügel, als würden sie unter Wasser fliegen. ■

Kormoran 010

PHALACROCORAX CARBO

Kormorane haben ein für Wasservögel unge-
wöhnliches, teilweise wasserdurchlässiges
Gefieder, das sie regelmäßig, mit geöffneten Flügeln
am Ufer von Flüssen und Seen stehend, trocknen müssen.

einfarbig
schwarze Flügel

trocknet Flügel
nach Tauchgang

Die Körperfedern von Kormoranen sind
einzigartig entwickelt: Sie haben eine lockere
Spitze, die im Wasser sofort durchnässt, und
eine besonders wasserabweisende Basis.
So haben sie die perfekte Balance zwischen
geringem Auftrieb und ausreichend Isolation
im kalten Wasser. Mit den großen Füßen,
an denen alle 4 Zehen durch Schwimmhäute
verbunden sind, können sie schnell schwimmen und tauchen, um Weißfische, ihre bevorzugte Beute, zu fangen. ■

Prachtkleid: 90 cm lang,
weißlicher Kopf, weißer Fleck
an der Seite, Flügel schillern
bronzefarben und metallisch grün

Schlichtkleid:
einfarbig
schwarzes
Gefieder

langer
Schwanz

Rohrdommel ⁰¹¹

BOTAURUS STELLARIS

Rohrdommeln führen ein Leben im Verborgenen,
versteckt in großen Schilfbeständen an Seen
und Teichen. Ihr braun marmoriertes Gefieder
mit den beigen Streifen macht sie zwischen
den Schilfhalmen fast unsichtbar.

hängende Füße, leichter,
taumelnder Flug

Pfahlstellung: verharrt
bei Gefahr regungslos
mit gestrecktem Hals

75 cm lang, fein braun
marmoriertes Gefieder, dunkler
Bartstreifen, Hals kaum vom
Körper abgesetzt

große,
grüngelbe Füße

Im Frühjahr sind nachts und in der Dämmerung ihre dumpfen, pumpen-
den Rufe zu hören, als würde man über die Öffnung einer leeren Flasche
blasen, was der Rohrdommel den Beinamen Moorochse einbrachte.
Zu den Zugzeiten und im Winter leben sie weniger versteckt, und
insbesondere nach längeren Frostperioden kommen sie an die letzten
eisfreien Stellen in Seen und Flüssen, um nach Fischen zu jagen. ■

Graureiher
012

ARDEA CINEREA

Graureiher lauern lange Zeit regungslos an Gewässern, um dann plötzlich nach einem Fisch oder Frosch zu stoßen. Aber auch auf Wiesen und Feldern kann man sie bei der Jagd auf Wühlmäuse beobachten.

eingezogener Hals, schwarze Flügel und hellgrauer Rücken, Beine überragen Schwanz

Jungvogel: ohne Schmuckfedern, verwaschen grau gezeichnet

95 cm lang, gelber Schnabel, schwarze Schmuckfedern

heller Hals mit schwarzen Streifen

lange, schmutzig gelbe Beine

Graureiher brüten gesellig in teils großen Kolonien in den Wipfeln von Nadel- oder Laubbäumen, gerne am Waldrand oder in Feldgehölzen. Solche Kolonien bestehen bei entsprechendem Schutz über sehr lange Zeit, häufig sind sie bereits in alten Karten verzeichnet oder sind als lokale Ortsnamen überliefert. Die Kolonien können weit vom nächsten Gewässer entfernt liegen, und besonders in den Morgen- und Abendstunden ist ein stetiger An- und Abflug zu beobachten. ■

Silberreiher 013

ARDEA ALBA

Zur Brutzeit wachsen auf dem Rücken lange, lockere Schmuckfedern, der ansonsten gelbe Schnabel verfärbt sich hormonbedingt schwarz und die Beine gelb oder rötlich.

eingezogener Hals, Beine überragen Schwanz

Prachtkleid: 95 cm lang, schwarzer Schnabel, Schmuckfedern, gelbe oder rötliche Beine

Schlichtkleid: schneeweißes Gefieder, gelber Schnabel, schwarze Beine

Die Schmuckfedern waren im 19. Jahrhundert eine begehrte Zierde für Damenhüte und Silberreiher wurden bis an den Rand der Ausrottung verfolgt. Dank strenger Schutzmaßnahmen haben sich die Bestände seither erholt und die einstmals seltenen Vögel gehören in Mitteleuropa mittlerweile zu den häufigen und auffälligsten Gästen, besonders im Winter auf Wiesen, wo sie nach Wühlmäusen jagen, und an abgelassenen Teichen. ■

Weißstorch 014

CICONIA CICONIA

Als einer unseren bekanntesten Frühlingsboten kehren Weißstörche im Februar und März zurück zu ihren großen Nestern auf den Giebeln von Hausdächern, auf Bäumen oder auf Telegrafenmasten.

gestreckter Hals, segelt oft ohne einen Flügelschlag, Beine überragen Schwanz weit, Flügelspitzen gefingert

langer, roter Schnabel

110 cm lang, sehr großer Vogel

lange, rote Beine, schwarzweißes Gefieder

Die Männchen kehren etwas vor den Weibchen aus dem Winterquartier zurück und begrüßen das Weibchen bei der Ankunft mit zurückgeworfenem Hals und lautem Schnabelklappern. Eine Zeremonie, die das Paar über die ganze Brutzeit bei jedem Wechsel am Nest fortführt. Weißstörche haben ein abwechslungsreiches Nahrungsspektrum, das keinesfalls nur aus Fröschen besteht. Vielmehr sind Regenwürmer, Heuschrecken und Mäuse die wichtigste Beute, aber auch Aas, Abfälle und Fische werden nicht verschmäht. ■

Rotmilan 015

MILVUS MILVUS

Häufig streifen Rotmilane in wendigem Jagdflug niedrig über Felder und Wiesen, den tief gekerbten Schwanz, breit gespreizt, geschickt für die eleganten Flugmanöver nutzend.

wendiger Flug, lange, schmale Flügel

65 cm lang, hellgrauer Kopf

langer, tief eingekerbter Schwanz, weiße Felder auf den Unterflügeln

rotbraunes Gefieder, gestreifter Bauch, gelbe Füße

Rotmilane gehören zu den wenigen Vögeln, deren weltweite Verbreitung auf Mitteleuropa konzentriert ist. Alleine Deutschland beherbergt etwa die Hälfte des weltweiten Brutbestands, woraus auch eine besondere Verantwortung für den Schutz dieses eleganten Greifvogels erwächst. Zunehmend stehen Rotmilane im Fokus des Naturschutzes, da sie zu den häufigsten Kollisionsopfern an Windenergieanlagen gehören und dadurch zu einem regelrechten Politikum geworden sind. ∎

Steinadler 016

AQUILA CHRYSAETOS

Steinadler durchstreifen in den Alpen große Reviere oberhalb der Baumgrenze. Ihre gewaltigen Nester legen sie unzugänglich in steilen Felswänden an.

sehr lange, breite Flügel, langer, runder Schwanz

Jungvogel: weiße Flügelfelder, schwarz-weißer Schwanz

85 cm lang, goldbraunes Nackengefieder, langer, gebänderter Schwanz, schwarzer Schnabel, gelbe Füße

Jungvogel: schwarz-weißer Schwanz

Adlerfedern sind ein zentraler, unverzichtbarer Teil religiöser und kultureller Zeremonien aller nordamerikanischen Indianerstämme. Die Federn wurden von verunglückten Adlern gesammelt oder lebenden Tieren entnommen, ohne dass dem Adler dabei Schaden widerfahren durfte. Seit den 1970er Jahren sammelt das National Eagle Repository alle verunglückten Steinadler und verteilt die Federn an berechtigte Personen. So können die Stämme weiterhin ihre Kultur leben, im Einklang mit dem weltweiten strengen Schutz der Art. ■

Seeadler

HALIAEETUS ALBICILLA

Seeadler jagen an Seen und Flüssen
nach Fischen und Wasservögeln.
Oft ist es die Panik der Beutevögel,
sobald ein Adler sich nähert,
durch die man überhaupt erst
auf den gewaltigen Greifvogel
aufmerksam wird.

sehr breite,
lange Flügel
enden rund

Jungvogel:
einfarbig dunkelbraun
mit hellem Band auf
Unterflügel

keilförmiger,
weißer Schwanz

Jungvogel:
schwarzer
Schnabel,
dunkelbrauner
Kopf

85 cm lang, massiger,
gelber Schnabel,
heller Kopf,
weißer Schwanz

Seeadler wurden durch starke Verfolgung im 19. Jahrhundert fast ausgerottet.
Nach einer Phase der Erholung, dank striktem Schutz, gingen die Bestände
Mitte des 20. Jahrhunderts erneut stark zurück. Als Jäger an der Spitze der
Nahrungskette hatte sich so viel des Insektengifts DDT in ihnen angereichert,
dass die Eier dünnschalig wurden und in den Nestern zerbrachen und oben-
drein oft unfruchtbar waren. Nach dem Verbot des Pestizids 1972 in Deutschland und der Schweiz erholten sich die Bestände wieder langsam. ■

Mäusebussard 018

BUTEO BUTEO

Mäusebussarde sind ein vertrautes Bild an Straßenrändern. Stundenlang sitzen sie regungslos auf Zaunpfählen und spähen im kurz gemähten Gras nach Mäusen.

Jungvogel: Schwanz ohne dunkle Binde, Flügelhinterrand ohne dunkle Binde

dunkle Schwanzbinde, dunkler Flügelhinterrand, gebänderte, helle Flügel

52 cm lang, sehr variabel gefärbt, Brustband charakteristisch

gelbe Beine

Im Frühjahr vollführen Mäusebussarde über ihrem Brutrevier einen spektakulären Balzflug. Die Partner kreisen gemeinsam über dem Revier und steigen in der Thermik in die Höhe. Plötzlich stürzen sie mit zusammengelegten Flügeln senkrecht Richtung Boden, um den Sturzflug bald aufzufangen und in einer steilen U-Kurve wieder in die Höhe zu schießen, bis sie am Scheitelpunkt zum nächsten Sturzflug übergehen. Oft begleitet von hohen, katzenartig miauenden Rufen. ■

Habicht 019

ACCIPITER GENTILIS

Habichte sind athletische, kräftige Jäger,
die besonders Vögel erbeuten, teilweise größere
als sie selbst. Die deutlich größeren Weibchen
jagen dabei auch größere Beute als die Männchen.

breite, runde Flügel,
Flügelunterseite fein
gebändert, langer,
gebänderter Schwanz

Weibchen: 64 cm lang,
Männchen: 56 cm lang,
grauer Rücken, hellgrauer
Bauch mit feinen Querbändern,
weißer Streifen über Auge

Jungvogel: Unterseits längs
gestreift, langer Schwanz
mit dunklen Bändern,
kräftige gelbe Beine

Habichte waren einst
scheue Waldbewohner,
aber besiedeln zunehmend
auch das Innere von Groß-
städten. In Berlin sind sie
zum Beispiel in vielen Park-
anlagen heimisch und jagen
dort hauptsächlich Ringel- und
Straßentauben. Häufig fallen
die stimmfreudigen Habichte durch
ihre markanten, möwenartigen Rufe und
keckernde Rufreihen auf, während sie versteckt im Laub alter
Bäume sitzen. Im Frühjahr vollführen die Männchen Balzflüge
mit gespreizten weißen Federn am Bauch. ∎

Sperber 020

ACCIPITER NISUS

Mit ihren breiten, kurzen Flügeln und den langen Schwanzfedern fliegen Sperber auf der Jagd nach Singvögeln mühelos und wendig durchs Unterholz.

kurze, runde Flügel, langer, gebänderter Schwanz, Flügel unterseits gebändert

Männchen: 31 cm lang, orange Brust, graublauer Rücken und Kopf, langer, gebänderter Schwanz

Weibchen: 38 cm lang, deutlich größer als Männchen, weißer Streifen über Auge, Bauch quer gebändert

Größenunterschied auch bei Jungvögeln, braun gescheckte Oberseite, Bauch braun mit groben Bändern

Sperbermännchen wiegen nur etwa halb so viel wie Weibchen. Für Greifvögel nicht ungewöhnlich, aber beim Sperber extrem ausgeprägt. Dies hat vermutlich mit ihrer Brutbiologie zu tun. Schon 2 Wochen vor der Eiablage versorgt das Männchen das Weibchen mit Futter, was sich über die gesamte Brutzeit fortsetzt. Auch die Jungen werden während der ersten Wochen ausschließlich vom Männchen mit Futter versorgt, während das Weibchen die Küken wärmt und das Nest verteidigt. ■

Wanderfalke  021

FALCO PEREGRINUS

Die einst vom Aussterben bedrohten Wanderfalken sind in Mitteleuropa wieder verbreitete Brutvögel in Steinbrüchen oder in Nisthilfen auf Kirchtürmen oder an Schornsteinen.

spitze Flügel
mit breiter Basis

Jungvogel: brauner Rücken, Bauch hellbraun mit dunklen Längsstreifen, breiter, brauner Bartstreif

45 cm lang, schiefergrauer Kopf und Rücken, breiter, schwarzer Bartstreif

weißer Bauch mit feinen, grauen Querbändern, lange Flügelspitzen reichen bis zur Schwanzspitze

Wanderfalken leben auf allen Kontinenten außer in der Antarktis. Sie haben damit eines der größten Verbreitungsgebiete aller Vogelarten. Ihre Nahrung besteht fast ausschließlich aus Vögeln, die sie in rasend schnellem Sturzflug in der Luft erbeuten. Sie gelten dabei als die schnellsten Flieger im Vogelreich und mit Radargeräten wurden Geschwindigkeiten von 140 km/h gemessen. ■

Turmfalke 022

FALCO TINNUNCULUS

Minutenlang können Turmfalken mit flatternden Flügelschlägen und breit gefächertem Schwanz an einem Punkt in der Luft stehen. Allein an diesem Verhalten kann man sie sicher bestimmen.

langer Schwanz mit dunkler Endbinde, flattert oft auf der Stelle

Weibchen: Kopf und Rücken braun mit dunkler Fleckung, undeutlicher Bartstreif, Schwanz gebändert

Männchen: 34 cm lang, hellgrauer Kopf, dünner Bartstreif, Rücken ziegelrot mit dunklen Flecken, langer Schwanz überragt Flügelspitze

Füße gelb mit schwarzen Zehen

Die besondere Jagdtechnik erlaubt es Turmfalken auch, in offener Landschaft ohne Ansitzwarte nach ihrer Hauptnahrung, Mäusen, zu jagen. Mit speziellen Sinneszellen in den Augen können sie das UV-Licht sehen, das von Mäuseurin reflektiert wird und bewohnte Mäuselöcher verrät. Zeigt sich eine Maus am Eingang, so stürzt der Falke senkrecht zu Boden und greift die Maus mit seinen scharfen Krallen. ■

Kranich 023

GRUS GRUS

Die imposanten Kraniche bauen ihre großen
Nester am Boden auf kleinen Inseln in Mooren
und Sümpfen. Ihre Nahrung finden sie jedoch
überwiegend auf Wiesen und Feldern.

gestreckter Hals, Beine überragen
Schwanz, fliegt in Formation,
schwarze Flügelspitzen

110 cm lang, sehr groß, roter Fleck
auf dem Kopf, breiter, weißer Streifen
hinter Auge zieht sich in Nacken,
schwarzer Hals, heller Schnabel

Jungvogel:
hellbrauner Kopf

einfarbig graues
Gefieder, lange,
schwarze Beine,
Federschopf über
Schwanzfedern

Zweimal jährlich im Februar/März und Oktober/November überqueren zehn-
tausende Kraniche Mitteleuropa auf dem Weg zwischen ihren Brutgebieten in
Skandinavien und dem Winterquartier in den Korkeichenwäldern der spanischen
Estremadura. Die Jungvögel folgen ihren Eltern und lernen so den Zugweg
kennen, der zielsicher traditionelle Zwischenrastplätze wie die Boddengewässer
in Mecklenburg-Vorpommern ansteuert. Die Flugformationen kündigen sich
schon auf weite Entfernung mit ihren trompetenden Rufen an. ∎

Teichhuhn 024

GALLINULA CHLOROPUS

Teichhühner bewohnen eine Vielzahl unterschiedlicher Gewässertypen, aber immer mit ausgeprägtem Pflanzenwuchs an den Ufern. Selbst in größeren Gartenteichen können sie leben.

weiße Linie zwischen Flügel und Bauch, Schwanz auffällig schwarz-weiß gezeichnet, Rücken braun

30 cm lang, roter Schnabel mit gelber Spitze

Jungvogel: bräunliches Gefieder, weiße Linie zwischen Flügel und Bauch, weißliche Kehle

grüne Beine und lange Zehen

Mit ihren sehr großen, grünen Füßen bewegen sie sich etwas unbeholfen durch ihren amphibischen Lebensraum. Bestens geeignet sind die langen Zehen zum Klettern im Röhricht, oder um über die Blätter von Seerosen zu balancieren. Beim Schwimmen müssen sie hingegen unter schnellem Kopfnicken und mit zuckenden Schwanzfedern ordentlich strampeln, da die Zehen nicht durch Schwimmhäute verbunden sind. Beim Laufen an Land werden die Beine mit jedem Schritt auffällig hochgehoben. ■

Blässhuhn  `025`

FULICA ATRA

Blässhühner schwimmen in Entenart auf dem Wasser
und können auch hervorragend tauchen. Sie haben keine
Schwimmhäute zwischen den Zehen, dafür ist jede Zehe
lappenförmig verbreitert.

spitzer, weißer Schnabel und
weiße Stirn, rotes Auge

40 cm lang, einfarbig
schwarzes Gefieder

Jungvogel: dunkelgrau,
weißer Hals und Kehle,
Schnabel schmutzig rötlich

große Füße mit
Schwimmlappen

Das Brutrevier wird aggressiv gegen Artgenossen verteidigt. In Drohstel-
lung mit segelartig aufgestellten Flügeln und nach vorne gestrecktem Hals
schwimmen sie die Grenzen ab. Trotzdem kommt es zu Kämpfen zwischen
Nachbarn, bei denen die Kontrahenten mit gespreizten Halsfedern und
unter kräftigen Flügelschlägen wild mit den Füßen nacheinander treten.
Nach der Brutzeit sind Blässhühner dann wieder friedfertig und sehr
gesellig und oft in großen Trupps zu beobachten. ■

Wasserralle 026

RALLUS AQUATICUS

Mit ihrem seitlich flach zusammengedrückten Körper
können Wasserrallen mühelos durch eng stehendes
Schilfröhricht schlüpfen, das sie selten verlassen.

24 cm lang, langer, roter
Schnabel leicht gebogen,
blaugrauer Kopf und Brust

Jungvogel: heller
Streifen über Auge,
weißliche Kehle

weiße Schwanzunterseite,
Seiten schwarz-weiß gebändert

rosa Beine
mit langen Zehen

Beim Laufen zuckt der Schwanz hektisch und lässt die weiße Unterseite
aufblitzen. Mit ihren langen Zehen sinken sie im weichen Boden nicht
ein und können gut im Röhricht klettern. Kurze Strecken werden auch
schwimmend zurückgelegt. Mit ihrem langen, roten Schnabel stochern
sie wie Limikolen im Schlamm nach Nahrung. Wasserrallen haben ein
breites Repertoire an Lauten. Häufiger Ruf ist ein Quieken, das an ein
Ferkel erinnert. Der oft abends oder nachts vorgetragene Gesang ist
ein anhaltendes Stakkato *kik kik kik kik kik*. ∎

Wachtelkönig 027

CREX CREX

Nur ihr nächtlicher monotoner Gesang, aus 2 krächzenden
Tönen, verrät die Anwesenheit der scheuen Wachtelkönige
in feuchten Wiesen und Sümpfen.

25 cm lang,
hühnerartige
Gestalt, rosa
Schnabel

rostrote Flügel,
gestreifter Rücken

graublaue Kehle,
weiß gebänderter
Bauch

rosa Beine

Wachtelkönige sind charakteristische Bewohner extensiv bewirtschafteter
Wiesen und ihr Vorkommen deutet auf besonders wertvolle Lebensräume
hin, die viele weitere seltene Arten beherbergen. Daher sind sie zu Recht
in einer Liste besonders schützenswerter Arten der EU aufgeführt und
schon viele Bauvorhaben mussten sich mit ihnen arrangieren. Besonders
empfindlich reagieren Wachtelkönige auch auf einen frühen Mahdtermin,
wie er bei nährstoffreichen Wiesen die Regel ist. ■

Austernfischer 028

HAEMATOPUS OSTRALEGUS

Die unverkennbaren lautstarken Austernfischer sind ein vertrautes Bild an der Küste. Entlang der großen Flüsse haben sie mittlerweile auch das Norddeutsche Tiefland besiedelt.

weißer Keil reicht auf den Rücken

40 cm lang, schwarz-weißes Gefieder, leuchtend roter Schnabel, relativ großer Kopf

weißer Flügelstreif

kräftige, rote Beine

Unter Austernfischern gibt es Spezialisten in der Nahrungssuche, die sich an der individuellen Form der Schnäbel erkennen lassen. Vögel, die gelernt haben, Muschelhälften an ihrer Verbindung aufzustemmen, haben abgeflachte Schnäbel, während jene, die die Muschelschalen plump zertrümmern, durch stumpfe, etwas kürzere Schnäbel auffallen. Austernfischer, die überwiegend im Schlamm nach Würmern stochern, haben wiederum lange, spitze Schnäbel. ∎

Kiebitz 029

VANELLUS VANELLUS

Im Frühjahr fliegen die Männchen akrobatische Schauflüge, werfen sich unter jauchzenden Rufen in der Luft von Seite zu Seite und erzeugen mit den runden Flügeln einen wummernden Ton.

runde Flügel, weißer Schwanz mit schwarzer Binde

Jungvogel: kurze Federtolle, oberseits geschuppt

30 cm lang, lange Federtolle, schwarz-weißes Gesicht

taubengroß, glänzend grüner Rücken

weißer Bauch, rote Beine

Am Boden geht die Balz weiter. Mit gespreizten Flügeln werden die schwarz-weißen Unterflügel präsentiert und es werden mit der Brust Nistmulden in den Boden gedrückt. Kiebitze brüten in feuchten Wiesen, Mooren und häufig auch auf Maisäckern. Wo sie noch häufig vorkommen, bilden sich oft kleine Kolonien. Luftfeinde wie Bussarde werden gemeinsam attackiert und über weite Strecken verfolgt. Nähert sich ein Feind am Boden, so simuliert der Kiebitz einen gebrochenen Flügel und lockt ihn vom Nest weg. ∎

Brachvogel 030

NUMENIUS ARQUATA

Mit melancholisch flötendem Gesang über-
fliegen Brachvögel im Frühjahr ihre großen
Reviere in Hochmooren und offenen
Wiesenlandschaften.

weißer Keil zieht
sich auf den Rücken,
Füße überragen den Schwanz,
helle Schwanzfedern mit
dunklen Querbändern

Jungvogel: kürzerer, schwach
gebogener Schnabel

hellbraunes Gefieder
mit dunkelbraunen
Flecken

54 cm lang, langer,
gebogener Schnabel

weißlicher Bauch
mit pfeilförmigen
Flecken, lange,
graue Beine

Weibchen haben deutlich längere Schnäbel als die etwas kleineren Männchen.
Die Schnäbel der ausgewachsenen Jungvögel wachsen nur langsam zur vollen
Länge. An der Schnabelspitze sitzen empfindliche Tastzellen, die leichteste
Vibrationen und Bewegungen wahrnehmen. Ist ein Wurm oder eine Made
im Boden erspürt, so kann die Schnabelspitze, unabhängig vom restlichen
Schnabel, ein Stück geöffnet werden und die Beute greifen. ∎

Bekassine `031`

GALLINAGO GALLINAGO

Bekassinen brauchen feuchten, weichen Boden, in dem
sie mit ihren langen, geraden Schnäbeln nach Würmern,
Schnecken und Insektenlarven stochern können.

schmaler, weißer
Hinterrand der Flügel

25 cm lang, gerader
Schnabel, gestreifte
Kopfzeichnung

gestreifter
Rücken

In der Morgen- und Abenddämmerung fliegen die Männchen über ihrem Revier
Schauflüge. Aus geradem Flug vollführen sie kurze Sturzflüge, bei denen die gespreizten äußersten Schwanzfedern ein meckerndes Geräusch erzeugen, das
ihnen den Beinamen Himmelsziege einbrachte. Am Boden sind Bekassinen gut
getarnt und fliegen bei Annäherung erst im letzten Moment unter rätschenden
Rufen auf. Als Brutvögel sind Bekassinen in Mitteleuropa sehr selten geworden,
aber Rastvögel aus Nordeuropa erscheinen zu den Zugzeiten noch häufig. ∎

Rotschenkel `032`

TRINGA TOTANUS

Gesellig laufen Rotschenkel auf Schlammlachen,
an Ufern und im flachen Wasser und stochern
mit ihren langen Schnäbeln im Schlamm
nach Würmern und Insekten.

leuchtend weiß Hinterrand
der Flügel, weißer Keil zieht
sich auf den Rücken

Füße überragen
Schwanz

Jungvogel: blassrosa Schnabel
mit dunkler Spitze, Rücken
einfarbig braungrau

26 cm lang, dünner,
roter Schnabel mit
schwarzer Spitze,
rote Beine

An der Nordseeküste gehören
Rotschenkel in den Salzwiesen
zu den häufigsten Brutvögeln. Im Binnenland brüten sie nur noch sehr selten
in Feuchtwiesen und Mooren, aber zu den Zugzeiten sind sie als Rastvögel
auch dort regelmäßig zu beobachten. Die Männchen fliegen im Brutrevier
mit schwirrenden Flügelschlägen, unterbrochen von längerem Gleitflug, und
tragen ihren flötenden bis jodelnden Gesang vor. ∎

Lachmöwe 033

CHROICOCEPHALUS RIDIBUNDUS

Die häufigsten Möwen Mitteleuropas erneuern zweimal jährlich ihre Federn am Kopf und wechseln so zwischen der braunen Kappe zur Brutzeit und dem weißen Kopf mit schwarzem Ohrfleck.

Vorderkante der Flügel leuchtend weiß

Jungvogel: kontrastreich gemustert, Schnabel und Beine blassrosa

Prachtkleid: 37 cm lang, dunkelbraune Maske, weißer Augenring, roter Schnabel, hellgrauer Rücken

Schlichtkleid: Kopf weiß mit schwarzem Ohrfleck, schwarze Schnabelspitze

Lachmöwen sind vielseitig in der Nahrungssuche, was sie so erfolgreich macht. Auf Wiesen trippeln sie mit den Füßen auf dem Boden und locken damit Regenwürmer an die Oberfläche, an heißen Sommertagen jagen sie in der Luft schwärmende Ameisen, am Stadtparksee lassen sie sich mit Brot füttern, an Fischerbooten lauern sie auf den Beifang und auf dem Wasser picken sie Insekten von der Oberfläche oder stoßen nach kleinen Fischen. ■

Silbermöwe 034

LARUS ARGENTATUS

Silbermöwen brüten zum ersten Mal im Alter von 4–5 Jahren und wechseln bis dahin mehrfach ihr Federkleid, bis sie schließlich die grauen Flügel und den weißen Kopf der Altvögel tragen.

Jungvogel: braun gefleckt, ganz dunkle Flügelspitzen, dunkler Schnabel

Gefieder der Altvögel entwickelt sich über Jahre

Prachtkleid: 60 cm lang, gelber Schnabel mit rotem Punkt, weißer Kopf, blaugrauer Rücken, dunkle Flügelspitzen mit weißen Punkten

Silbermöwen brüten in großen Kolonien, besonders auf Inseln vor der Küste. Die Küken schlüpfen mit einem dichten Dunenkleid und picken gezielt nach dem roten Fleck am Schnabel der Eltern, wenn diese von der Nahrungssuche zurückkehren. Dies löst bei den Eltern einen Futterreflex aus und sie würgen die im Kropf gesammelte Nahrung hervor. Besonders Fische, Krebstiere und Muscheln stehen auf ihrem Speiseplan. Letztere werden aus der Luft gezielt auf Steine oder Beton geworfen, um die Schale zu öffnen. ∎

Flussseeschalbe  035

STERNA HIRUNDO

Im leichten Flug auf langen, schmalen Flügeln streifen Flussseeschwalben über Gewässer aller Art auf der Suche nach Fischchen, die sie im Sturzflug erbeuten.

Jungvogel: kürzerer Schwanz, Flügel mit dunklem Vorder- und Hinterrand

dunkle Flügelspitzen, sehr langer, tief eingekerbter Schwanz

Jungvogel: braun gescheckter Rücken, dunkler Flügelbug

Schlichtkleid: weiße Stirn

Prachtkleid: 34 cm lang, roter Schnabel mit schwarzer Spitze, schwarze Kappe

Ursprünglich brüteten Flussseeschwalben auf den Kiesbänken großer, natur-belassener Flüsse, die in Mitteleuropa mittlerweile weitgehend verschwunden sind. Auf speziell für sie angefertigten Nistflößen haben sie einen Ersatzbrut-platz gefunden. Scherzhaft hat sich der Beiname Floßseeschwalbe etabliert. Als ausgeprägte Zugvögel erscheinen sie im April bei uns und ziehen im August wieder in Richtung ihres Überwinterungsgebietes an den Küsten Westafrikas. ■

Straßentaube 036

COLUMBA LIVIA F. DOMESTICA

Völlig unbeeindruckt von ihrer Umgebung suchen
Straßentauben auf Fußwegen zwischen Passanten nach
Brotkrümeln, Pommes und anderen Essensresten.

33 cm lang, sehr variables
Gefieder, kurzer und
dunkler Schnabel

oft blaugraue
Färbung, glänzend
grüner Fleck
im Nacken

kurze und
rote Beine

Straßentauben gehören zu den ältesten Haustieren, was durch 5.000 Jahre
alte ägyptische Hieroglyphen belegt ist. Lange vor Hühnern versorgten
sie die Menschen mit Eiern und Fleisch. Über die Jahrtausende haben sich
die Haustiere teilweise emanzipiert und leben jetzt als unsere Nachbarn
besonders in Großstädten, deren Betonfassaden sie womöglich an ihren
ursprünglichen Lebensraum, Felsklippen, erinnern. ■

Ringeltaube 037

COLUMBA PALUMBUS

Ringeltauben sind die häufigsten Nicht-Singvögel in Mitteleuropa. Fast überall bauen die großen Tauben mit dem weißen Halsfleck ihre spärlichen Nester in Bäume und Büsche.

weiße Halbmonde auf den Flügeln

langer Schwanz mit schwarzer Endbinde

großer, weißer Halsfleck

Jungvogel: ohne Halsfleck

41 cm lang, kurzer Schnabel mit gelber Spitze, graues Gefieder, rosa Brust

rote Beine

Ringeltauben ernähren sich ausschließlich vegetarisch, besonders Kleeblätter fressen sie gerne. Das Erfolgsmodell der Säugetiere haben Tauben unabhängig ein zweites Mal in etwas abgewandelter Form entwickelt: Taubenküken werden mit einer milchigen Flüssigkeit gefüttert, die bei beiden Geschlechtern im Kropf gebildet wird und die Küken schnell heranwachsen lässt. Auch Flamingos und einige Pinguinarten füttern so ihren Nachwuchs. ■

Türkentaube 038

STREPTOPELIA DECAOCTO

In Mitteleuropa leben Türkentauben in enger
Nachbarschaft des Menschen, in Dörfern und
Stadtrandsiedlungen sind sie ein vertrauter
Anblick. Gerne kommen die kleinen Tauben
auch an Futterhäuschen.

weiße
Schwanzkanten

24 cm lang, deutlich
kleiner als Ringeltaube,
schwarzer Schnabel,
schwarzer Halsring

Jungvogel:
ohne Halsring

warm isabell-
farbenes Gefieder

rote Beine

In den 1930er Jahren begannen Türkentauben, ihr Brutgebiet, das im Westen
bis in den europäischen Teil der Türkei und nach Griechenland reichte, zu
erweitern. Jungvögel siedelten sich tendenziell nordwestlich ihres Schlupforts
an und so breiteten sie sich Stück für Stück aus, bis in den 1960er Jahren auch
Mitteleuropa besiedelt wurde. Den Sprung über den Atlantik schafften sie
mit Hilfe des Menschen. Auf den Bahamas entwich Anfang der 1970er Jahre
ein kleiner Trupp bei einem Überfall auf ein Zoogeschäft. Von dort ausgehend
wurde der gesamte Nordamerikanische Kontinent bis zur Pazifikküste und
nach Alaska besiedelt. ■

Schleiereule 039

TYTO ALBA

Meist brüten Schleiereulen in unmittelbarer Nachbarschaft oder sogar als Untermieter des Menschen:
in Kirchtürmen, in Scheunen oder auf Dachböden.
Gerne nehmen sie spezielle Nistkästen an.

fast reinweiße
Unterflügel

Nestlinge: weißes
Dunenkleid, Geschwister
unterschiedlich alt

Unterart guttata:
oranger Bauch

Unterart alba:
36 cm lang, weißes
Gesicht mit
schwarzen Augen,
herzförmiger Schleier,
orange-grauer Rücken

Schleiereulen finden ihre Hauptnahrung Mäuse mit ihrem sehr feinen Gehör
auch in tiefdunkler Nacht. Der markante, namensgebende, herzförmige
Gesichtsschleier wirkt wie ein Trichter und leitet den Schall an die im Gefieder
versteckten Öffnungen der Ohren, die links und rechts etwas asymmetrisch in
der Höhe versetzt liegen. Das ermöglicht ihre beeindruckende Fähigkeit zum
präzisen Richtungshören. Sogar unter einer Schneedecke verborgene Mäuse
können sie allein über das Gehör orten und fangen. ■

Uhu 040

BUBO BUBO

Die größte Eule Europas ist dank erfolgreicher Schutzmaßnahmen nicht mehr bedroht. Sie hat sich viele neue Brutplätze erobert und brütet mittlerweile sogar in Großstädten.

sehr lange, breite Flügel

Füße deutlich sichtbar

Ästling: nur kleine, runde Federohren, flauschiges Gefieder

66 cm lang, lange Federohren, orange Augen

braun mit schwarzen Strichen und Streifen

Die Federohren des Uhus haben keine Funktion für das Gehör, sie verraten vielmehr seine Stimmung. Bei Gefahr oder wenn der Uhu anderweitig aufgeregt ist, werden sie aufgestellt. Die eigentlichen Ohren liegen verborgen im Gefieder beiderseits der Augen. Uhus sind sehr kräftige Jäger. Nachts, wenn die meisten Vögel schlafen und wehrlos sind, schlagen sie sogar Habichte und Mäusebussarde. Wichtige Beutetiere sind vor allem Säugetiere: Wanderratten, Igel und Kaninchen. ■

Waldkauz 041

STRIX ALUCO

Bereits im Spätwinter erklingt in älteren Laubwäldern und Parks in der Abenddämmerung der tiefe, klagende Gesang der Männchen, auf den die Weibchen mit einem kurzen *kuwit* antworten.

breite, gebänderte Flügel

40 cm lang, runder Kopf ohne Federohren, Färbung variabel grau bis rotbraun, dunkle Augen, Bauch kräftig dunkel gestreift, weiße Hosenträger auf Rücken

Ästling: hell mit Querbändern

Waldkäuze brüten in Baumhöhlen, wie sie oft nach Astbruch oder an umge-knickten Bäumen entstehen. Die Weibchen legen im Tagesabstand bis zu sechs Eier und fangen gleich beim ersten Ei an zu brüten, sodass auch die Küken in eintägigem Abstand schlüpfen. Die Küken verlassen im Alter von einem Monat noch nicht flugfähig das Nest und fangen an, in den umgebenden Bäumen umherzuklettern. Die sogenannten Ästlinge können sich weit vom Nest entfernen, aber signalisieren den Eltern nachts durch regelmäßige Kontaktrufe ihren Aufenthaltsort. ■

Waldohreule 042

ASIO OTUS

Waldohreulen bauen keine eigenen Nester,
sondern brüten als Nachmieter in alten Krähen-
oder Greifvogelnestern, die sie aggressiv auch
gegen Menschen verteidigen.

34 cm lang, lange Federohren,
weiße Augenklammern, orange
Augen, fuchsrotes Gesicht

Ästling: dunkles Gesicht
mit orangen Augen,
graues Gefieder

Die Federn der Eulen sind sehr weich und ihre Ränder gefranst, im Flug
dämpft dies die Geräusche der Flügelschläge. In niedrigem, lautlosem Flug
oder von einer Ansitzwarte werden Mäuse am Boden überrascht und im
Ganzen verschlungen. Die unverdaulichen Knochen und das Fell werden
als längliche Ballen wieder hervorgewürgt. Unter den Tagesschlafplätzen
sammeln sich diese Gewölle in großer Zahl. ■

Mauersegler 043

APUS APUS

Trupps von Mauerseglern, die in reißendem Flug
und mit schrillen Rufen über den Himmel schießen,
gehören im Sommer zum Stadtbild.

langer Schwanz, Kerbe
oft nicht sichtbar

18 cm lang,
schwalbengroß,
ganz schwarz mit
heller Kehle

sehr lange, sichelförmige
Flügel, schneller Flug

Mauersegler verbringen fast ihr
ganzes Leben im Flug. Nur zum
Brüten landen sie an hohen Gebäu-
den, wo sie unter locker sitzenden
Dachpfannen oder Fassadenver-
kleidungen ihre Nester bauen. Alles
andere findet in der Luft statt, sogar
der Schlaf, während dem sich die
Gehirnhälften abwechselnd abschalten.
Zum Trinken fliegen sie ganz knapp über
die Wasseroberfläche, um mit dem Schnabel zu
schöpfen. Ihre Nahrung sind Insekten, die sie mit den
kurzen, aber breiten Schnäbeln, die durch Borsten zu einem
kleinen Kescher erweitert sind, aus der Luft fischen. ■

Kuckuck 044

CUCULUS CANORUS

Kuckucke sind Frühlingsboten. Ende April erklingt ihr namensgebender Gesang in der Landschaft. Sie leben überall, wo sie reichlich Wirtsvögel und ihre bevorzugte Nahrung, Schmetterlingsraupen, finden.

lange, spitze Flügel, Flügel werden nicht über Körpermitte angehoben

Jungvogel: wird von Singvögeln unterschiedlicher Art großgezogen

34 cm lang, sehr langer Schwanz und lange Flügel, Bauch weiß mit grauen Querbändern, kurzer und schwarzer Schnabel, braune Färbungsvariante selten

Kuckucke sind Brutparasiten, sie legen ihre Eier in die Nester von Singvogelarten und überlassen Brüten und Aufzucht den Wirtseltern. Die Eier eines Weibchens sind dabei an die Färbung der Eier des bevorzugten Wirts angepasst. Der junge Kuckuck schlüpft meist etwas vor seinen Geschwistern und beginnt sofort, die übrigen Eier aus dem Nest zu rollen sowie den schon geschlüpften Nachwuchs seiner Zieheltern totzubeißen. Dabei hilft ihm ein Zacken am Schnabel, den er später verlieren wird. ■

Nachtschwalbe 045

CAPRIMULGUS EUROPAEUS

Den Tag verbringen die nachtaktiven Nachtschwalben schlafend am Boden oder auf einem Ast, wobei sie sich in Längsrichtung setzen und mit ihrem braunen Gefieder wie ein Stück Holz wirken.

schlanke Flügel mit weißen Flecken

langer Schwanz mit weißen Ecken

Weibchen: ohne weiße Schwanzecken

Männchen: 27 cm lang, sehr gut getarnt, fein braun marmoriert, langer Schwanz mit weißen Ecken, großer Kopf, sehr kurzer Schnabel, Beine nicht sichtbar

In der Abenddämmerung werden sie aktiv, jagen in der Luft nach Nachtfaltern und anderen Insekten, die sie mit ihrem breiten Schnabel aus der Luft fangen. Sie leben in trockenen Kiefernwäldern, Heidegebieten und Hochmooren. An windstillen Abenden im Mai und Juni ist der schnurrende Balzgesang der Männchen zu hören, zu dem auch knallende Geräusche gehören, die mit den langen Flügeln erzeugt werden. Im Flug präsentieren die Männchen auch die weißen Felder an der Flügelspitze und auf dem Schwanz. ■

Bienenfresser 046

MEROPS APIASTER

Die exotisch bunten Bienenfresser weiten als Folge
des Klimawandels seit den 1990er Jahren ihr Brutgebiet
in Mitteleuropa nach Norden aus.

schwarzer Hinterrand der Flügel,
rötliche Unterflügel, zentrale
Schwanzspieße

Jungvogel: blasser
als Altvogel,
Rücken grün

26 cm lang, exotisch
bunt, gelbe Kehle,
türkisblauer Bauch,
langer Schwanz
mit Spieß, dunkle
Augenmaske, langer,
schwarzer Schnabel,
weißer Fleck auf Stirn

Die geselligen Vögel brüten in Kolonien und
graben ihre Brutröhren in Abbruchkanten von
Flussufern, Weinbergen oder Kiesgruben. Im wendigen Flug fangen sie große Insekten wie Schmetter-
linge und Libellen, aber auch Bienen und Wespen,
die wegen ihrer Giftstachel von anderen Vögeln verschmäht werden. Letztere werden vor dem Verzehr
so lange auf einem Ast gerieben, bis der Giftapparat
unschädlich gemacht ist. ■

Eisvogel

ALCEDO ATTHIS

Eisvögel fliegen schnell und pfeilgerade niedrig
über das Wasser, wobei das Türkisblau des Rückens
aufleuchtet. Sitzend sind sie trotz der bunten Farben
erstaunlich unscheinbar.

**rüttelt
auf der Stelle**

Männchen: 18 cm lang, türkisblauer Rücken,
orangeroter Bauch, rote Füße, weißer
Fleck im Nacken, weiße Kehle

Weibchen:
Unterseite
Schnabel rot

Von Zweigen am Ufer spähen sie ins Wasser nach kleinen Fischen. Haben sie
Beute erblickt, stürzen sie sich kopfüber hinab, den kräftigen Schnabel wie
ein Speer voran. Bis zu einem Meter tief können sie tauchen, die Luft im Gefieder sorgt für reichlich Auftrieb und lässt sie sogleich wieder an die Oberfläche
treiben. Zurück auf der Warte wird der Fang geschickt gegen den Zweig
geschlagen und Kopf voran im Ganzen verschluckt. ■

Wiedehopf `048`

UPUPA EPOPS

Wiedehopfe sind bei der Nahrungssuche am Boden erstaunlich unscheinbar. Meist wird man erst auf sie aufmerksam, wenn sie taumelnd wie ein riesiger schwarz-weißer Schmetterling auffliegen.

27 cm lang, Federhaube wird nach Landung kurz aufgerichtet, langer und spitzer Schnabel

Kopf und Rücken warm bräunlich, kontrastreich schwarz-weiße Flügel

schwarz-weiß gebänderte Flügel und Schwanz

Wiedehopfe brüten in Baumhöhlen, Steinhaufen oder Schuppen. Gerne beziehen sie auch spezielle Nistkästen. Die Gelege umfassen bis zu 10 Eier, die ab dem ersten Ei bebrütet werden, sodass auch die Küken im Tagesabstand schlüpfen. Das Weibchen bleibt die ersten beiden Wochen nach dem Schlupf in der Höhle und wärmt den Nachwuchs, während das Männchen unermüdlich Futter herbeiträgt. Bei Gefahr fauchen die Küken und können eine übel riechende schwarze Flüssigkeit verspritzen, die in der Bürzeldrüse gebildet wird. ∎

Halsbandsittich 049

PSITTACULA KRAMERI

Ende der 1960er Jahre tauchten die ersten Halsbandsittiche im Rheinland und am Oberrhein auf und
sind dort in vielen Städten heimisch geworden.

dunkle
Flügel

roter Schnabel,
dünnes, schwarzes
Halsband

40 cm lang,
einfarbig grün

sehr langer
Schwanz

Halsbandsittiche sind sehr gesellig. Häufig sieht man kleine Trupps kreischend
umherfliegen. Im Winter bilden sie große Schlafgemeinschaften mit hunderten
von Vögeln, die oft über viele Jahre dieselben Schlafbäume nutzen. Besonders
gerne sitzen Halsbandsittiche in alten Platanen, in denen sie Höhlen für die Brut
finden. In der belaubten Baumkrone sind die grünen Vögel kaum zu entdecken.
Sie ernähren sich überwiegend vegetarisch und besuchen auch Futterhäuschen. ∎

Grünspecht 050

PICUS VIRIDIS

Der lachende Ruf des Grünspechts ist häufig zu hören, doch der farbenfrohe Vogel ist scheu und selten zu sehen. Meistens entdeckt man ihn erst, wenn er davon-fliegt, wobei der grüne Bürzel charakteristisch ist.

gelbgrüner Bürzel

Weibchen: schwarzer Streifen unter Auge

Männchen: 33 cm lang, rote Kappe, roter Streifen unter Auge, helles Auge

grüner Rücken

Grünspechte sind selten beim Klopfen an Holz zu beobachten. Die meiste Zeit verbringen sie am Boden, wo sie sich hüpfend fort-bewegen und nach Ameisennestern suchen. Mit ihrer langen, klebrigen Zunge holen sie die Eier und Puppen aus den engsten Ritzen im Boden. Im Sommer fressen sie überwiegend Weg-ameisen der Gattung *Lasius* und im Win-ter Waldameisen der Gattung *Formica*. In geringem Umfang stehen auch andere Insekten und Früchte auf dem Speiseplan. ∎

Buntspecht 051

DENDROCOPOS MAJOR

Männchen markieren im Frühjahr durch einen kurzen Trommelwirbel auf einem trockenen Ast ihr Revier. Zum Ärger mancher Hausbesitzer muss dazu manchmal auch ein Stück Wandverkleidung herhalten.

Weibchen: Kopf ganz schwarz

Jungvogel: rote Kappe

spitzer, kräftiger Schnabel

Männchen: 24 cm lang, roter Fleck im Nacken

gebänderte Flügel, fliegt in Wellen

roter Steiß, Bauch weiß

Mit ihren kräftigen Füßen und abgestützt durch die stabilen Schwanzfedern klettern Buntspechte mühelos auch an glatten Baumstämmen empor. Sie zerhacken morsches Holz mit dem kräftigen Schnabel, um an die Larven von holzbewohnenden Käfern zu gelangen. Auch die Bruthöhle wird mit dem Schnabel in einen Baumstamm gezimmert. Die Nasenlöcher sind durch Borsten vor den umherfliegenden Holzsplittern und das Gehirn durch eine Art Stoßdämpfer an der Schnabelwurzel vor zu starken Erschütterungen geschützt. Die Bruthöhlen werden über Jahre von unzähligen anderen Tierarten als Nachmieter genutzt. ■

Pirol 052

ORIOLUS ORIOLUS

Pirole kehren Anfang Mai aus ihrem Winterquartier zurück und ziehen schon im August wieder weg. Sie verbringen den größten Teil des Jahres in den Tropen.

gelber Rücken, schwarze Flügel, schwarzer Schwanz mit gelben Ecken

Weibchen: gelbgrün, Bauch weiß mit feinen Stricheln

Männchen: 24 cm lang, leuchtend gelb, roter Schnabel

Das Nest wird kunstvoll in eine Astgabel hoch in der Krone eines Laubbaums gebaut. Das Weibchen feuchtet dazu Rindenstreifen und Grasblätter mit Speichel an und webt sie geschickt zu einer Art Hängematte. Pirole beginnen erstmals im Alter von 2–3 Jahren selber zu brüten. Einjährige Vögel treten gelegentlich als Helfer bei der Aufzucht der Küken in Erscheinung. Die 3–4 Eier werden von beiden Partnern etwa 19 Tage bebrütet. Die Küken verlassen, noch bevor sie flügge sind, das Nest und klettern im Geäst umher. ■

Neuntöter 053

LANIUS COLLURIO

Neuntöter bewohnen reich strukturierte Kulturlandschaften mit vielen Hecken. Besonders dornige Sträucher werden gerne als Neststandort angenommen.

Männchen: 17 cm lang, schwarze Maske, rotbrauner Rücken, grauer Kopf, Bauch mit rosa Hauch

schwarz-weißer Schwanz auffällig

Weibchen: undeutliche Maske, Bauch mit Schuppenmuster

Jungvogel: Rücken mit Schuppenmuster

In der Brutzeit spießen die Männchen Beute, besonders Käfer und Heuschrecken, als Vorrat auf Dornen von Schlehen, Wildrosen oder sogar Stacheldraht auf. Dieses Verhalten brachte dem Vogel zwar seinen sonderbaren Namen ein, wird aber nicht von allen Männchen gezeigt. Die aufgespießten Insekten dienen als Vorrat für die Fütterung der Nestlinge, aber auch als zusätzliches Futter für das Weibchen während der kräftezehrenden Aufzucht der Brut. ■

Elster 054

PICA PICA

Elstern bauen ihre großen, kugelförmigen Nester in hohe Bäume. Ihre Nahrung suchen sie jedoch überwiegend am Boden, gerne auf Rasenflächen. In Dörfern und Städten finden sie perfekte Lebensbedingungen.

46 cm lang, schwarz-weißes Gefieder, Flügel und Schwanz schillern grünlich und bläulich

schwarz-weiße Flügel, sehr langer Schwanz

Entgegen dem Volksglauben konnte in Versuchen nicht festgestellt werden, dass Elstern von glänzenden Objekten wie Schmuck und Münzen angezogen werden. Vielmehr überwiegt die Vorsicht gegenüber Unbekanntem. Dass Elstern ausgesprochen intelligent sind, ist jedoch durch zahlreiche Experimente belegt. So sind sie sogar in der Lage, ihr Spiegelbild als solches zu erkennen, und sie versuchten im Experiment, Farbmarkierungen an ihrem Gefieder, die nur im Spiegel sichtbar waren, mit Schnabel oder Krallen zu entfernen. ∎

Eichelhäher 055

GARRULUS GLANDARIUS

Eichelhäher sind aufmerksame und scheue
Bewohner von Laub- und Mischwäldern.
Häufig wird man durch ihre lauten, rätschen-
den Rufe auf sie aufmerksam.

kurze, breite Flügel,
leuchtend weißer Bürzel
kontrastiert zum
schwarzen Schwanz

schwarzer Bart-
streifen, kräftiger
Schnabel

34 cm lang, beiges Gefieder,
auffallende türkise
Flügelfelder

schwarzer
Schwanz,
weißer Bürzel

Eichelhäher verstecken im
Herbst Eicheln, Haselnüsse und
Bucheckern als Vorrat für den Winter. Im Flug transportieren sie
bis zu 12 Eicheln gleichzeitig in Kropf und Schnabel über längere
Strecken zu einem Depot. Mit dem Schnabel bohren sie kleine Löcher
in den Boden, in denen sie die Nüsse einzeln verstecken. Einen Teil
der Eicheln finden sie allerdings nicht wieder und pflanzen so neue
Bäume. Sie werden daher auch Gärtner des Waldes genannt. ■

Raben- und Nebelkrähe

CORVUS CORONE UND CORVUS CORNIX

Durch Mitteleuropa verläuft eine unsichtbare Grenze, westlich davon leben die komplett schwarzen Rabenkrähen, östlich die in Gestalt und Verhalten identischen, aber teils hellgrau befiederten Nebelkrähen.

graue Färbung des Bauchs reicht auf die Flügel

Rabenkrähe: 47 cm lang, schwarzes, glänzendes Gefieder, Schwanz überragt Flügelspitze

runder Schwanz, breite, runde Flügel

Nebelkrähe: Rücken, Nacken und Bauch hellgrau

Die zunächst unerklärliche Verbreitung der beiden nah verwandten Arten geht auf die Eiszeiten zurück, in denen Mitteleuropa eine baumlose Tundra war. Die Urform beider Arten hatte sich in mehrere getrennte Refugien mit milderem Klima zurückgezogen, in denen sich die beiden heutigen Arten entwickelten. Nach Abklingen der Eiszeiten breiteten sich diese wieder aus und ihre Verbreitungsgebiete berührten sich bald wieder. Doch waren sie in der Zwischenzeit so verschieden geworden, dass die Artgrenze bestehen blieb. ∎

Kolkrabe 057

CORVUS CORAX

Kolkrabenpaare halten ein Leben zusammen und durchstreifen ihre großen Reviere oft gemeinsam. Junge, unverpaarte Raben schließen sich in Gruppen zusammen, bevor sie mit 5–6 Jahren selber ein Revier besetzen.

lange, schlanke Flügel etwas zugespitzt

keilförmiger Schwanz

sehr kräftiger Schnabel

61 cm lang, glänzend schwarzes Gefieder

Kolkraben sind seit jeher zentrale Figuren in vielen Mythen, Sagen und Märchen. Ihre Intelligenz, die Fähigkeit Sprache zu imitieren, und das lange Leben der Vögel hat die Menschen offenbar schon immer beeindruckt. So wird der Hauptgott der Nordischen Mythologie Odin stets mit den zwei Raben Hugin und Munin („der Gedanke" und „die Erinnerung") als Gefährten dargestellt und einer modernen Legende nach wird das Britische Königreich und die Monarchie enden, wenn die Raben den Tower von London verlassen, wozu sie aufgrund der Fürsorge des Rabenwächters keinen Grund haben. ■

Kohlmeise 058

PARUS MAJOR

Kohlmeisen gehören zu den häufigsten Vögeln in Mitteleuropa, insbesondere in Gärten. Sie nehmen sehr gerne Nistkästen an und besuchen Futterhäuschen.

äußere Schwanzfedern weiß, weiße Flügelbinde

Weibchen: schmaler, schwarzer Streifen auf dem Bauch

Männchen: 14 cm lang, schwarzer Kopf mit weißer Wange, hellgelber Bauch mit breitem, schwarzem Streifen, grüner Rücken, blaue Flügel mit weißer Binde

Jungvogel: Wangen und Bauch grünlich gelb

Nistkästen werden von Kohlmeisen auch im Winter als Schlafhöhlen genutzt. Bei Temperaturen unter dem Gefrierpunkt sparen sie dabei 10 % Energie gegenüber dem Übernachten im Freien. Sie bevorzugen Nistkästen, die im Herbst gesäubert wurden und wenig Parasiten beherbergen. Jeder Vogel beansprucht dabei einen eigenen Nistkasten, es ist daher immer sinnvoll, mehrere Kästen aufzuhängen, denn auch in der Brutzeit übernachtet das nicht brütende Männchen gerne in einer separaten Höhle. ■

Blaumeise 059

CYANISTES CAERULEUS

Blaumeisen können auch in den dünnen
äußersten Zweigen von Bäumen auf Nahrungssuche gehen, oft kopfüber hängend mit den
kurzen, kräftigen Füßen festgekrallt.

einfarbig
blauer Schwanz

Jungvogel:
gelbe Wangen,
kein Halsband

12 cm lang, hellblaue Kappe,
schwarzer Augenstreif,
gelber Bauch

blauer Schwanz,
blaue Flügel mit weißer
Binde, grüner Rücken

Schmetterlingsraupen stellen das wichtigste Futter für die Aufzucht der Küken
dar. Blaumeisen beginnen ihre Brutzeit daher exakt so, dass die Küken kurz vor
der maximalen Verfügbarkeit an Raupen Anfang Mai schlüpfen. Etwas früher
im Jahr sind die Raupen noch zu klein und später sind sie verpuppt und versteckt. Durch den Klimawandel und die in der Folge immer frühere Entwicklung
der Raupen gerät dieser fein ausbalancierte Zeitplan allerdings immer weiter
aus dem Takt, mit Konsequenzen für den Bruterfolg der Meisen. ■

Sumpfmeise 060

POECILE PALUSTRIS

Anders als der Name vermuten lässt, bewohnen Sumpfmeisen besonders ältere Laubwälder und Parks sowie Gärten mit altem Baumbestand, aber keine Sümpfe.

12 cm lang, brauner Rücken

glänzend schwarze Kappe, kleiner, schwarzer Kinnfleck

weißlicher Bauch mit Braunstich

Sumpfmeisen sind sehr treu, sowohl gegenüber ihrem Partner – bis zu 4 Jahre sind nachgewiesen – als auch ihrem Revier, das sie das ganze Jahr über bewohnen und das daher auch deutlich größer ist als bei anderen Meisenarten. Sie nutzen eher selten Nistkästen oder Spechthöhlen für die Brut, sondern suchen meist eine morsche Stelle an einem Astloch und hacken mit ihrem Schnabel nach Spechtart selber eine Höhle. ■

Tannenmeise 061

PERIPARUS ATER

Tannenmeisen müssten eigentlich Fichtenmeisen heißen, denn
sie sind charakteristische Bewohner von Fichtenwäldern,
reine Laubwälder werden gemieden.

weißer Fleck
im Nacken

schwarzer Kopf, weiße
Wangen, schwarze Kehle

11 cm lang, blaugrauer
Rücken mit 2 weißen
Binden auf den Flügeln

Bauch
hellbraun

Die kleinen Meisen turnen in den äußersten Zweigen von Fichten, mit den kräftigen Krallen der Mittelzehe und der verlängerten Hinterkralle haben sie einen
festen Halt. Häufig picken sie auch Nahrung im Flug auf, indem sie flatternd auf
der Stelle fliegen. Im Sommer sammeln sie besonders Raupen, kleine Insekten
und Spinnen von den Nadeln ab. Im Winter fressen sie auch die ölhaltigen
Samen von Fichtenzapfen und besuchen regelmäßig Futterhäuschen. ■

Haubenmeise `062`

LOPHOPHANES CRISTATUS

Haubenmeisen leben in Fichten- und Kiefernwäldern, die sie nur selten verlassen. Allerdings werden im Winter Futterhäuschen am Waldrand aufgesucht.

spitze Haube, schwarz-weißes Gesicht

hellbrauner Bauch, schwarze Kehle

12 cm lang, brauner Rücken, braune Flügel

Die namensgebende spitze Federhaube ist meist aufgestellt, kann aber auch angelegt werden. Bei Jungvögeln ist sie etwas kürzer. Haubenmeisen legen Nahrungsdepots für den Winter an. Im Sommer verstecken sie Wirbellose und im Herbst die Samen von Bäumen. Die Samen werden einzeln versteckt, meist zwischen Flechten oder unter Zweigen, selten am Stamm von Bäumen. So können Haubenmeisen das ganze Jahr über in ihrem Revier verweilen. ■

Schwanzmeise 063

AEGITHALOS CAUDATUS

Im Winter sind Schwanzmeisen stets in kleinen Trupps unterwegs, unter ständigen Kontaktrufen ziehen die Trupps durch die Landschaft und fliegen von Busch zu Busch.

Unterart caudatus: ganz weißer Kopf

14 cm lang, kugelige Gestalt, Flügel schwarz-weiß gemustert

sehr lange Schwanz-federn, äußere Schwanz-federn weiß

Kopf weiß mit schwarzem Streifen

Bauch weiß, Richtung Steiß weinrot

Schwanzmeisen bauen hoch in Bäumen kunstvolle kugelförmige Nester aus Moos und Spinnweben, die außen oft mit Flechten beklebt sind und innen mit teilweise über 1.000 feinen Federn ausgepolstert werden. Die Nisthöhle ist jedoch recht klein, sodass die langen Schwanzfedern der Weibchen während der Brutphase verbiegen, was noch eine Weile danach sichtbar ist. Neben den Partnern helfen häufig noch weitere Vögel, meist Verwandte des Brutpaares, bei der Aufzucht der Küken. ■

Mehlschwalbe

DELICHON URBICUM

Mehlschwalben kleben ihre halbrunden Lehmnester außen an Gebäude in den Winkel zwischen Hauswand und Dachüberstand. Ursprünglich bauten sie ihre Nester an Felsen, wo sie eine komplette Halbkugel bauen.

oberseits weißer Fleck auf dem Bürzel, Schwanz gekerbt

baut Nester außen an Hauswand

14 cm lang, metallisch blau glänzender Rücken und Kopf

weiße Kehle, rein- weiße Unterseite

Das Baumaterial für ihre Nester suchen Mehlschwalben am Rand von Pfützen. Bis zu 1.500 Lehmklümpchen werden für ein Nest verbaut, was etwa 10 Tage benötigt. Gerne werden aber auch Nester aus dem Vorjahr bezogen und ledig- lich die beschädigten Stellen ausgebessert. Fast immer brüten Mehlschwalben in teilweise großen Kolonien, in denen Nachbarn ihre Nester wie Reihenhäuser direkt aneinanderbauen. ■

Rauchschwalbe 065

HIRUNDO RUSTICA

Rauchschwalben legen ihre schüsselförmigen Nester in Viehställen, Garagen und Gartenschuppen an. Sie bevorzugen dunkle, geschützte Räume, ein kleines Einflugloch genügt ihnen.

Jungvogel: kürzerer Schwanz, Kehle blass rötlich

tief gekerbter Schwanz, weiße Punkte auf Schwanzfedern

19 cm lang, glänzend blauschwarzes Gefieder, rote Kehle, Brustband, beiger Bauch, sehr lange Schwanzfedern

Nach der Brutzeit, bevor sie gen Süden ziehen, sammeln sich Rauchschwalben allabendlich an gemeinsamen Schlafplätzen in Schilfbeständen, was im Mittelalter zum Glauben führte, sie würden den Winter schlafend im Schlamm überdauern. Dabei lässt sich das Zugverhalten der Rauchschwalben besonders gut beobachten, sie ziehen im Gegensatz zu vielen anderen Singvogelarten nämlich ausschließlich tagsüber. Das Winterquartier liegt südlich der Sahara und reicht bis in die Kapprovinz in Südafrika. ■

Feldlerche 066

ALAUDA ARVENSIS

Weithin erklingt der trillernde bis schwätzende Gesang der Feldlerchen im Frühling über Wiesen und Äcker, vorgetragen aus luftiger Höhe in unermüdlichem Singflug.

weiße Schwanzkanten, schmaler, weißer Flügelrand

Jungvogel: oberseits geschuppt

kleine Federhaube nur manchmal aufgestellt

17 cm lang, Brust gestrichelt, weißer Bauch, Rücken und Flügel warm braun mit dunklen Stricheln

Feldlerchen brauchen eine offene Landschaft und konnten viele Regionen Europas erst mit dem Aufkommen des Ackerbaus in der Bronzezeit besiedeln. Eine Abhängigkeit, die ihnen jetzt zum Verhängnis wird. Im Winter leiden sie wegen der immer seltener werdenden Stoppelfelder an Nahrungsmangel und während der Brutzeit werden die für die Aufzucht der Küken so wichtigen Insekten immer weniger. Aus vielen Regionen sind die einst so häufigen Vögel mittlerweile verschwunden. ■

Fitis 067

PHYLLOSCOPUS TROCHILUS

Fitisse bewohnen Gebüsche an Seeufern und Waldrändern: immer dort, wo es offen und der Boden reich an Kräutern ist. Dichte Wälder, hohe Bäume und Gärten meiden sie.

Unterart acredula: weißliche Unterseite, gräulicher Rücken

lang, heller gelblicher Streifen über dem Auge, Schnabelunterseite an Basis gelblich, Wangen gefleckt

Unterart trochilus: gelbliche Kehle und Brust, Flügel und Rücken grünlich

11,5 cm lang, lange Flügel, Beine blass fleischfarben

Fitisse unternehmen alljährlich weite Wanderungen aus ihrem riesigen Brutgebiet, das bis in die hintersten Winkel Sibiriens reicht, ins Winterquartier im tropischen Afrika. Für die Brutvögel Mitteleuropas sind das „nur" etwa 6.000 km bis in die Feuchtsavanne in Westafrika. Für Vögel der sibirischen Populationen hingegen ist das eine Strecke bis zu 13.000 km. Eine beeindruckende Leistung für die kleinen Vögel und eine besondere Beanspruchung für das Gefieder. Vielleicht ist der Fitis deshalb die einzige Vogelart Europas, die zweimal jährlich alle ihre Federn wechselt. ■

Zilpzalp 068

PHYLLOSCOPUS COLLYBITA

Überall wo höhere Bäume wachsen, in Wäldern sowie
in Gärten oder Parks, erklingt nach der Rückkehr aus
dem Winterquartier im März der namensgebende
Gesang der Zilpzalpe.

Jungvogel: gelblicher
Bauch und Streifen
über Auge einfarbig

heller Augenring
vor und hinter Auge
unterbrochen,
Wangen einfarbig,
schnalzt Schwanz-
federn oft nach unten

11,5 cm lang, Flügel
kürzer als beim Fitis,
dunkle Beine

Der einfache Gesang des Zilpzalps ist das beste Unterscheidungsmerkmal vom
ähnlichen Fitis. Er ist so einprägsam, dass er in vielen Sprachen umschrieben
als Name dient: englisch *Chiffchaff*, niederländisch *Tjiftjaf*, kurdisch *Çirçire*,
finnisch *Tiltaltti*. Gelegentlich geraten die Vögel aus dem Rhythmus und stottern
Zilp-zilp-zalp-zalp. Einige sehr ähnliche Formen in Spanien, auf den Kanaren
und im Kaukasus werden nach neuesten Erkenntnissen als eigene Arten be-
trachtet, besonders auch wegen der abweichenden Gesänge. ■

Feldschwirl 069

LOCUSTELLA NAEVIA

Wie das Zirpen einer Heuschrecke erklingt der monotone Gesang der Feldschwirle in der Dämmerung aus hohen Wiesen und variiert in der Lautstärke, wenn der Vogel seinen Kopf zur anderen Seite dreht.

13 cm lang, Kopf und Rücken gestreift

Kehle und Bauch hell

heller Streifen über Auge

runder Schwanz, Unterschwanzdecken mit Stricheln

Außer wenn die Männchen im Frühjahr von niedriger Warte singen, sind Feldschwirle kaum zu sehen. Sie leben verborgen in der Vegetation. Meist bewegen sie sich dabei zu Fuß am Boden fort und bilden wie Mäuse mit der Zeit Tunnel in der Vegetation. Auch das Nest liegt versteckt am Boden und wird nie direkt angeflogen, sondern ebenfalls zu Fuß erreicht. Die Nahrung besteht aus allerlei Insekten und Spinnen. ■

Teichrohrsänger 070

ACROCEPHALUS SCIRPACEUS

Teichrohrsänger bewohnen reine Schilfgebiete im Flachwasser
an den Ufern von Seen und Flüssen und sind perfekt an diesen
speziellen Lebensraum angepasst.

Jungvogel: etwas wärmer
braun als Altvogel

Flügel etwas
kürzer als
beim Sumpf-
rohrsänger

14 cm lang,
lebt im Schilf-
röhricht

Bürzel rostrot,
kontrastiert zum Rücken,
Bauch und Seiten beige

Mühelos klettern Altvögel an den senkrechten Schilfhalmen. Ihre
Beine und die Fußform sind an die vertikalen Strukturen angepasst.
Jungvögel müssen das Klettern erst lernen und bevorzugen zunächst
horizontale Warten. Die Nester werden von den Weibchen frei hängend zwischen Schilfhalme gewoben. Die Nistmulde ist besonders
tief, sodass Eier und Jungvögel auch bei kräftigem Wind nicht aus
dem schwankenden Nest geworfen werden können. ■

Sumpfrohrsänger 071

ACROCEPHALUS PALUSTRIS

Sumpfrohrsänger kehren als eine der spätesten Zugvogelarten erst im Mai zurück nach Mitteleuropa und beziehen ihre Reviere in Hochstaudenfluren und hochgewachsenen Wiesen.

Jungvogel: sehr ähnlich Teichrohrsänger

14 cm lang, Flügel minimal länger als Teichrohrsänger

Bauch homogen weißlich bis gelblich

Rücken und Schwanz homogen graubraun ohne Rottöne

Am Gefieder sind Sumpfrohrsänger selbst für Experten meist nicht sicher von ihrer Zwillingsart, dem Teichrohrsänger, unterscheidbar. Sie bewohnen jedoch deutlich andere Lebensräume und singen sehr verschieden. Der Gesang ist eine Abfolge von täuschend echten Imitationen anderer Vogelarten, praktisch ohne eigene Gesangselemente. Neben europäischen Vogelarten imitieren Sumpfrohrsänger auch viele Arten, deren Laute sie im Winterquartier in den afrikanischen Tropen lernen. ■

Gelbspötter 072

HIPPOLAIS ICTERINA

Gelbspötter bewohnen parkartige Landschaften mit einem Wechsel aus Gebüschen und einzelnen hohen Bäumen, wie zum Beispiel alte Gärten, Streuobstwiesen oder Auwälder.

steile Stirn und Scheitel etwas spitz

Jungvogel: blasser gefärbt als Altvogel

heller Streifen vor Auge

13 cm lang, gelbe Unterseite, helles Feld auf Flügel, lange spitze Flügel, dunkle, graue Beine

In ihren abwechslungsreichen Gesang aus nasalen Tönen flechten sie täuschend echte Imitationen anderer Vogelarten ein, was zur Bezeichnung Spötter führte. Der Gesang wird meist aus der Krone von Laubbäumen oder Büschen vorgetragen. Die Nester werden ebenfalls hoch in Bäumen oder Büschen gebaut. In optimalen Lebensräumen können Reviere sehr eng benachbart liegen. Gelbspötter sind ausgeprägte Zugvögel und kehren erst spät Anfang Mai ins Brutgebiet zurück. ■

Mönchsgrasmücke `073`

SYLVIA ATRICAPILLA

In schattigen Wäldern, Gebüschen und größeren Gärten ist ab Mitte März der melancholisch flötende Gesang der Mönchsgrasmücken zu hören.

Weibchen:
rotbraune Kappe

Jungvogel: ähnlich Weibchen,
aber Männchen anfangs
mit brauner Kappe

Männchen: 14 cm lang, einfarbig
graues Gefieder, schwarze Kappe,
dunkler Schnabel, graue Beine

Das Zugverhalten von Mönchsgrasmücken reicht je nach Brutgebiet von ausgeprägten Standvögeln auf Madeira und den Azoren über Kurzstreckenzieher in Mitteleuropa bis zu ausgeprägten Zugvögeln in Skandinavien. Forscher konnten durch die Kreuzung von Vögeln unterschiedlicher Populationen mit unterschiedlichem Zugverhalten nachweisen, dass sowohl Zugrichtung als auch Zugstrecke genetisch festgelegt sind und an den Nachwuchs vererbt werden. ∎

Gartengrasmücke 074

SYLVIA BORIN

Gartengrasmücken bevorzugen dichte Gebüsche als ihren Lebensraum. Anders als der Name vermuten lässt, sind sie in Gärten eher selten.

Scheitel wie
Rücken gefärbt

14 cm lang,
Oberseite
gräulich braun

Unterseite
hell bräunlich

Schnabel kurz
und kräftig

Gartengrasmücken kehren erst nach dem Laubaustrieb Anfang Mai aus ihrem Winterquartier im tropischen Afrika zurück. Die Männchen einige Tage früher als die Weibchen, um sofort nach der Ankunft zu singen und ein Revier abzugrenzen, in dem sie mehrere provisorische Nester zur Auswahl für die Weibchen bauen. Häufig zwischen Brennnesseln oder Brombeeren. Das Weibchen wählt den bevorzugten Standort und beide Partner stellen den Rohbau gemeinsam fertig. ■

Dorngrasmücke 075

SYLVIA COMMUNIS

Dorngrasmücken bewohnen offene Landschaften,
schon einzelne Büsche als Singwarten und Neststandorte
reichen ihnen in ihrem Revier.

singt im Flug

Weibchen und Jungvogel:
Scheitel graubraun
wie Rücken

Scheitel graublau,
weißer Augenring,
leuchtend weiße Kehle

Männchen: 14 cm lang,
rostrote Flügel,
äußere Schwanz-
federn weiß, Rücken
graubraun, Bauch
beige, rote Beine

Im Frühjahr singen die Männchen ihre kurzen, hektischen
Gesangsstrophen von den Spitzen von Büschen. Hin und
wieder wird der Gesang auch in einem kurzen Flug vorgetragen, in dem der Vogel steil nach oben fliegt, kurz mit flatternden Flügelschlägen in der Luft steht, dann hinabstürzt und
verborgen im Gebüsch landet. Beim Singen sind die Federn
an der leuchtend weißen Kehle gesträubt. ∎

Klappergrasmücke 076

SYLVIA CURRUCA

Klappergrasmücken sind häufige Brutvögel in Gärten. Sie haben eine besondere Vorliebe für dichte Hecken mit dornigen Sträuchern, aber auch an Waldrändern und im Gebirge an der Baumgrenze kommen sie vor.

13 cm lang, brauner Rücken

weiße Kehle, grauer Scheitel, dunkle Wangen

schwarze Beine

Kanten vom Schwanz weiß

Die charakteristische kurze, klappernde Gesangsstrophe brachte ihr den Beinamen Müllerchen ein. Nur für eine kurze Zeit im Frühjahr ist der Gesang der Männchen zu hören. Sobald sie verpaart sind, verstummen sie und sind dann sehr unauffällig. Das Nest wird niedrig in die Vegetation gebaut und die bis zu 8 Eier von beiden Eltern bebrütet, nachts allerdings ausschließlich vom Weibchen. Nach 12 Tagen schlüpfen die Küken und verlassen nach weiteren zwölf Tagen das Nest, werden aber noch einige Wochen von den Altvögeln betreut. ■

Wintergoldhähnchen 077

REGULUS REGULUS

Mit einer Länge von 9 cm und einem Gewicht von nur 6 g sind Wintergoldhähnchen die kleinsten Vögel Europas. Auch im Winter harren sie in Mitteleuropa aus.

Männchen: 9 cm lang, heller Ring um Auge, gelber Scheitel mit orangen Federn

Weibchen: gelber Scheitel ohne orange Federn

2 weiße Binden auf Flügel

Jungvogel: Scheitel einfarbig blassgrün

winzige, kugelige Gestalt

Der Gesang des Wintergoldhähnchens besteht aus so hohen Tönen, dass er von vielen älteren Menschen nicht mehr gehört werden kann. Beim Singen stellt das Männchen die gelben Federn am Scheitel auf und präsentiert das darunterliegende leuchtend orange Gefieder, das dem Weibchen fehlt. Die winzigen Vögel müssen ständig nach Nahrung suchen und sind daher immer in Bewegung. Sie bevorzugen Fichtenwälder als Lebensraum. ■

Gartenbaumläufer 078

CERTHIA BRACHYDACTYLA

Wie Spechte klammern sich Gartenbaumläufer an Baumstämme,
gestützt von den steifen Schwanzfedern. Mit ihrem langen, dünnen
Schnabel stochern sie in der Borke nach Insekten und Spinnen.

dünner, gebogener
Schnabel, weißer
Streifen über Auge

Unterseite weiß,
Flanken bräunlich

13 cm lang,
Flügel braun
mit hellen
Bändern, Rücken
braun gestreift

langer und spitzer
Schwanz, rotbraun

Gartenbaumläufer sind meisterhafte Kletterer. In kleinen Sprüngen hüpfen
sie spiralförmig Baumstämme hinauf. In der Krone angekommen, fliegen sie
hinab zum Fuß des nächsten Baums und wiederholen den Aufstieg. Im Laufe
eines Tages können sie wie ein trainierter Bergsteiger so einige tausend
Höhenmeter zurücklegen. Im Winter sammeln sich Gartenbaumläufer an
gemeinsamen Schlafplätzen mit teilweise über 20 Tieren und verbringen eng
aneinandergekuschelt die kalte Nacht. ■

Kleiber 079

SITTA EUROPAEA

Mit ihren kräftigen Beinen und Füßen können Kleiber kopfabwärts Baumstämme hinabklettern oder sich an den Unterseiten von waagerechten Ästen festkrallen.

kurzer Schwanz mit weißen Ecken, einfarbige, breite Flügel

schwarze Maske von Schnabel bis Nacken, kräftiger und spitzer Schnabel

Weibchen: Unterseite und Steiß blasser gefärbt

Männchen: 14 cm lang, orange bis rostfarbene Unterseite, Steiß kräftig rotbraun, kurzer Schwanz

graublauer Scheitel und Rücken

Kleiber beziehen als Nachmieter alte Spechthöhlen, ausgefaulte Baumlöcher oder Nistkästen. Die Öffnung der Höhle wird mit Lehm auf die richtige Größe zugemauert. Auch scharfe Kanten in der Höhle werden zugeklebt. Im Herbst legen Kleiber Vorräte für den Winter an. Samen werden in Spalten im Holz versteckt und mit Moos oder Flechten abgedeckt. So können Kleiber auch lange Winter in ihrem Revier überstehen. ■

Seidenschwanz `080`

BOMBYCILLA GARRULUS

Ohne Scheu vor Menschen sitzen die starengroßen, bunten Seidenschwänze im Winter gesellig in Ebereschen, Mehlbeeren oder anderen beerentragenden Bäumen und Büschen.

kompakte Gestalt, 3-eckige Flügel

Weibchen: gelbe Schwanzbinde schmal, Handschwingen ohne weiße Winkel

kleine Federhaube, schwarze Augenmaske, schwarzes Kinn

20 cm lang, kontrastreich bunte Flügel, rote Wachsplättchen an Flügelfedern

Männchen: breite, gelbe Schwanzbinde, Handschwingen mit weißen Winkeln

Sie erscheinen jedoch nicht in jedem Winter in Mitteleuropa. Die unregelmäßigen Invasionen von Seidenschwänzen südlich der Brutgebiete haben Menschen seit jeher fasziniert. Vermutlich werden sie durch hohen Bruterfolg und Nahrungsmangel im Brutgebiet in den Nadelwäldern der Taiga ausgelöst. Im Mittelalter galt ihr Erscheinen als böses Omen, was sich noch im Niederländischen Namen Pestvogel wiederfindet oder im Schweizer Namen Sterbevögeli. ∎

Star 081

STURNUS VULGARIS

Im Gegensatz zur oberflächlich ähnlichen Amsel
bewegen sich Stare am Boden laufend vorwärts,
in schnellen, trippelnden Schritten, den spitzen
Schnabel zu Boden gerichtet.

3-eckige Flügel,
kurzer Schwanz,
kompakte Gestalt

im Prachtkleid: 21 cm lang,
gelber Schnabel, rote
Beine, grün glänzendes
Gefieder mit beigen
Flecken, Flügelfedern
mit hellen Säumen,
kurzer Schwanz

Jungvogel: einfarbig
schwarzgrau

im Schlichtkleid:
schwarzer Schnabel,
schwarzgraues Gefieder,
dicht gefleckt

Mit ihrem Schnabel stoßen sie kleine Löcher in den Boden und erweitern
das Loch, indem sie den Schnabel öffnen und sich dabei um den Einstich
drehen. So finden sie die Larven von Wiesenschnaken und anderen Insekten.
Doch Stare sind sehr anpassungsfähig in der Nahrungssuche. Im Spätsommer,
wenn sie sich in großen Schwärmen sammeln, fressen sie Beeren und Obst,
im Hochsommer im Flug schwärmende Ameisen und auch an Futterhäuschen
erscheinen sie gelegentlich. ■

Zaunkönig 082

TROGLODYTES TROGLODYTES

Mausartig schlüpft die drittkleinste europäische Vogelart
durch das Unterholz, auf der Jagd nach Spinnen, kleinen
Asseln und Insekten.

— Schwanz kurz und
meist aufgestellt

weißer Streifen
über dem Auge

10 cm lang, warm brauner
Rücken, Seiten gebändert

Bauch heller
als Rücken

Die Männchen bauen in ihrem Revier mehrere kugelförmige
Nester mit kleinem, seitlichen Einschlupfloch in die Vegetation.
Die Weibchen suchen sich darunter ihr bevorzugtes Nest aus.
Eifrige Baumeister mit vielen Nestern können auch mehrere
Weibchen zur Brut in ihr Revier locken. Unermüdlich wird es
mit einer für den kleinen Vogel erstaunlich lauten Gesangs-
strophe beworben und gegen andere Männchen verteidigt. ■

Amsel, Schwarzdrossel 083

TURDUS MERULA

In fast jedem Garten leben Amseln. In kleinen Sprüngen hüpfen sie über den Rasen und erbeuten geschickt Regenwürmer, die sie aus dem Boden ziehen.

einfarbig schwarz, langer Schwanz

Jungvogel: Unterseite geschuppt, Oberseite goldbraun gesprenkelt

Weibchen: einfarbig dunkelbraun, helle Kehle, schmutzig gelber Schnabel

Männchen: 26 cm lang, einfarbig schwarz, orangegelber Schnabel, dünner, gelber Ring ums Auge, langer, schwarzer Schwanz

Die einst scheuen Waldbewohner haben sich auf bemerkenswerte Weise an das Leben in der Umgebung des Menschen angepasst. Stadtamseln verhalten sich anders als ihre Artgenossen auf dem Land. Am auffälligsten ist ihre Arglosigkeit gegenüber Menschen. Sie erweisen sich auch als deutlich stressresistenter, da sie weniger der entsprechenden Hormone ausschütten. Ihr Gesang ist deutlich höher und lauter als der von Waldamseln und hebt sich vom tiefen Verkehrslärm ab. Nestbau und erste Brut beginnen früher und sie können so über die Saison hinweg mehr Bruten großziehen. ■

Singdrossel 084

TURDUS PHILOMELOS

Von hohen Warten lassen Singdrosseln in der Morgen- und Abenddämmerung ihre vielfältigen Gesangsstrophen erklingen, in denen sie die einzelnen variablen Elemente stets dreimal wiederholen.

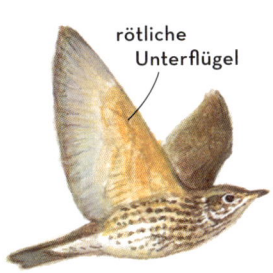

rötliche Unterflügel

dunkles Auge, Gesicht kontrastreich, Schnabel braun mit gelber Basis

Jungvogel: Rücken hell gesprenkelt

21 cm lang, Reihen schwarzer Flecke auf dem Bauch, Oberseite hellbraun

Beine beige

Singdrosseln erbeuten oft Schnirkelschnecken, die sich zum Schutz sofort in ihr Gehäuse zurückziehen. Doch die geschickten Drosseln tragen sie zu geeigneten Steinen, zerbrechen mit kräftigen Schlägen gegen den Stein das Schneckengehäuse und gelangen so an das Fleisch. Im Umfeld von besonders geeigneten Steinen, den sogenannten Drosselschmieden, können sich große Mengen von zerschlagenen Schneckenhäusern ansammeln. ■

Wacholderdrossel 085

TURDUS PILARIS

Wacholderdrosseln brüten gesellig in lockeren Kolonien. Nur die unmittelbare Nestumgebung wird als Revier abgegrenzt und der krächzend unmelodische Gesang nur von verpaarten Männchen vorgetragen.

weiße Unterflügel, weißer Bauch

blaugrauer Kopf

25 cm lang, grauer Bürzel, rotbrauner Rücken

blass orangegelbe Brust, weißlicher Bauch mit pfeilförmigen Flecken

schwarzer Schwanz

schwarze Beine

Die Vögel einer Kolonie verteidigen die Nester aggressiv gegen potenzielle Feinde wie Krähen, Eichhörnchen und sogar Menschen. Die Eindringlinge werden gezielt angeflogen und dabei kurz vor dem Ausfliegen der Jungvögel auch mit Kot bespritzt. Trotzdem suchen Wacholderdrosseln in Skandinavien ihre Brutplätze teilweise auch ganz gezielt in der Nachbarschaft von Falkennestern. Die Falken schlagen in der unmittelbaren Umgebung ihres Nestes keine Vögel und halten außerdem Nebelkrähen fern, die potenzielle Feinde der Wacholderdrosseln sind. ■

Rotkehlchen 086

ERITHACUS RUBECULA

Rotkehlchen sind ein vertrauter Anblick in Gärten und zeigen oft wenig Scheu vor Menschen. Sie hüpfen in kleinen Sprüngen über den Boden und suchen nach Insekten, Spinnen und Asseln.

Jungvogel: Brust und Bauch geschuppt, Rücken hell gesprenkelt

dunkles Auge, kleiner, schwarzer Schnabel

13 cm lang, leuchtend orange Brust, weißer Bauch

einfarbiger Rücken und Flügel, dünne, helle Flügelbinde

Im Herbst nach der Brutzeit beginnen Rotkehlchen wieder zu singen und ein Winterrevier abzugrenzen. Auch Weibchen singen zu dieser Jahreszeit und besetzen ein Revier, das aggressiv gegen Eindringlinge verteidigt wird. An Futterhäuschen sind Rotkehlchen im Winter häufige Gäste und stellen ihre Ernährung teilweise auf pflanzliche Kost, besonders auf Beeren um. ■

Nachtigall `087`

LUSCINIA MEGARHYNCHOS

Nachtigallen sind selten zu sehen. Sie leben verborgen
im Gebüsch und fallen meist durch ihren melodischen,
vielseitigen Gesang auf, der auch nachts vorgetragen wird.

einfarbige
Oberseite

gräuliche Färbung über
Auge und im Nacken,
schwarzes Auge

16 cm lang, warm brauner Rücken,
ohne auffällige Zeichnung

rotbrauner Schwanz

beige
Unterseite

Der Gesang der Nachtigall ist ein be-
liebtes Thema in Literatur und klassischer
Musik. Seine Vielfalt ist bemerkenswert. Wenn die
Nachtigall singt, sitzt sie still auf einem Ast im Unterholz,
die Federn der Kehle gesträubt und der Unterschnabel schnell auf und zu
klappend. Schluchzende Laute reihen sich an kräftige Crescendi und harte
Rufe in endlosen Variationen. Über 200 Strophentypen kann das Repertoire
eines Männchens umfassen und es ist ein entscheidendes Kriterium für die
Partnerwahl der Weibchen. ∎

Hausrotschwanz 088

PHOENICURUS OCHRUROS

Ehemals waren Hausrotschwänze Bewohner von
Gebirgen und Felslandschaften. Heute haben sie in
Städten und Dörfern mit Häusern als Ersatzfelsen
eine neue Heimat gefunden.

orangeroter Schwanz
mit dunklen
mittleren Federn

Weibchen und einjährige
Männchen: gleichmäßig
graues Gefieder,
dunkles Auge

Männchen: 14 cm lang, rußschwarze
Brust, weißes Flügelfeld

dunkel-
grauer
Bauch und
Rücken

Hausrotschwänze sind Frühaufsteher und beginnen in der Morgendämmerung
als eine der ersten Arten zu singen. Die quietschend gepressten Töne werden
besonders von hohen Warten auf Hausdächern vorgetragen. Einjährige Männchen entwickeln häufig noch kein Prachtkleid und sehen aus wie Weibchen,
singen aber und brüten häufig auch. Allerdings in weniger beliebten Revieren
und mit deutlich geringerem Bruterfolg als mehrjährige Männchen. ■

Gartenrotschwanz 089

PHOENICURUS PHOENICURUS

Halboffene Landschaften wie Gärten mit altem Baumbestand, Streuobstwiesen, Waldränder und Feldgehölze sind typische Lebensräume des Gartenrotschwanzes.

orangeroter Schwanz mit dunklen mittleren Federn

Männchen im Prachtkleid: 14 cm lang, schwarze Kehle, orangeroter Bauch, weiße Stirn, hellgrauer Scheitel und Rücken

Weibchen: helles Gesicht mit dunklem Auge, beiger Bauch mit orangem Farbton, Rücken hellbraun

Gartenrotschwänze verbringen den Winter in den Savannen West- und Zentralafrikas. Sie lernen dort auch die Gesänge von afrikanischen Vogelarten und bauen sie als Imitationen in ihren eigenen Gesang ein. Im April kehren sie während des Laubaustriebs zurück in ihre Brutgebiete in Mitteleuropa. Sie sind trotz ihres bunten Gefieders im frischen Laub schwer zu sehen, da sie sich häufig in Baumkronen aufhalten. ∎

Heckenbraunelle `090`

PRUNELLA MODULARIS

Heckenbraunellen schlüpfen geschickt durch dichtes Gestrüpp und den Unterwuchs in Gärten und Wäldern. Im Winter besuchen sie auch Futterhäuschen.

Jungvogel: gestreifte Kehle, Schnabel an der Basis gelb

14 cm lang, schwarzer Schnabel, blaugraue Kehle, blaugrauer Streifen über Auge, rotbraune Iris, braun gestreift, einfarbig brauner Schwanz

Im komplexen Sozialsystem der Heckenbraunellen besetzen sowohl Männchen als auch Weibchen Reviere. Bei den Weibchen hängt deren Größe von der Verfügbarkeit von Nahrung ab. In nahrungsarmen Lebensräumen sind die Reviere groß und überlappen sich mit mehreren Revieren von Männchen, die sich alle mit dem Weibchen paaren und an der Aufzucht der Jungen beteiligen, sodass trotz Nahrungsmangel eine Aufzucht der Brut ermöglicht wird. Dominante Männchen dulden untergeordnete, meist jüngere Männchen in ihrem Revier, die ebenfalls bei der Jungenaufzucht helfen und sich in unbeobachteten Momenten ebenfalls mit dem Weibchen paaren. ∎

Haussperling, Hausspatz 091

PASSER DOMESTICUS

Haussperlinge haben sich dem Menschen eng angeschlossen.
Sie leben auf der ganzen Welt in Dörfern und Städten häufig
unter demselben Dach wie wir, zumindest zur Brutzeit.

Männchen im
Schlichtkleid: 15 cm
lang, hellgrauer
Schnabel

Männchen im Prachtkleid: grauer
Scheitel, schwarzer Kehllatz,
hellgraue Wangen, schwarzer
Schnabel, rotbrauner Nacken,
hellgrauer Bauch,
gestreifter Rücken

grauer Bürzel,
kurze, weiße Binde
auf Flügel

Weibchen: heller
Kopf, beiger
Streifen hinter dem
Auge, Schnabel-
unterseite gelb

Die ausgesprochen geselligen Vögel brüten in kleinen Kolonien, die
Brutpaare bleiben oft jahrelang zusammen. Bis zu 3 Bruten mit 4–6 Küken
kann ein Paar in einem Sommer großziehen. Vorausgesetzt, sie finden
reichlich Insekten, die für die Aufzucht der Küken lebensnotwendig sind.
Nach der Brutzeit und im Winter sammeln sie sich in großen Trupps, die
oft gut geschützt in dichten Hecken rasten und durch ein lautes Stimmen-
gewirr tschilpender Rufe auffallen. ■

Feldsperling, Feldspatz `092`

PASSER MONTANUS

Feldsperlinge bewohnen ländliche Regionen und leben anders als Haussperlinge auch fern von Siedlungen an Waldrändern, Alleen oder in Auwäldern.

Jungvogel: gelbe Schnabelbasis, Scheitel blassbraun

schwarzer Fleck auf weißer Wange, rotbrauner Scheitel, schwarzes Lätzchen

13 cm lang, Geschlechter gleich gefärbt, hellbrauner Bauch, weißes Halsband unterbrochen, Rücken schwarz gestreift, 2 weiße Flügelbinden

In China, Japan und Südostasien hat der Feldsperling die Rolle des Haussperlings übernommen und brütet dort selbst in den Zentren von Megastädten wie Peking, Tokyo oder Jakarta. Im Jahr 1870 wurden 12 Brutpaare in St. Louis in den USA ausgesetzt, aber konnten sich bis heute nur unwesentlich im Tal des Mississippi ausbreiten. Im Gegensatz zum Haussperling, der, ausgehend von einigen Vögeln, die 1850 in New York freigelassen wurden, innerhalb von 60 Jahren die gesamten USA bis zum Pazifischen Ozean besiedelt hatte. ■

Bachstelze 093

MOTACILLA ALBA

langer, schmaler
Schwanz mit
weißen Kanten

Während der Brutzeit leben Bachstelzen in einer Vielzahl
offener Lebensräume, auch fern von Gewässern und regelmäßig
sogar in Gärten, wo die Nester oft in Schuppen gebaut werden.

erstes Winterkleid:
graue Stirn, Gesicht
etwas gelblich

Schlichtkleid: helle Kehle und
dunkles Brustband, Scheitel grau,
Wangen schmutzig grau

Weibchen im Prachtkleid:
schwarze Kappe undeutlich
zum grauen Rücken abgesetzt

Männchen im Prachtkleid:
18 cm lang, weißes Gesicht,
schwarze Kehle, dunkle
Kappe scharf zum grauen
Rücken abgesetzt, weiße
Flügelbinden und Bauch,
lange, schwarze Beine

Unablässig wippen Bachstelzen mit dem schmalen, schwarzweißen Schwanz.
Auf den langen Beinen können sie schnell laufen und in kleinen Sprints Insekten
jagen, die sie mit dem kurzen Schnabel aufpicken. Sie fangen Insekten aber
auch in der Luft, wobei der Schwanz bei den wendigen Flugmanövern breit
gefächert wird. Auch im Winter verteidigen sie kleine Reviere für die Nahrungssuche, häufig Abschnitte von Flussufern oder Seen. ■

Buchfink `094`

FRINGILLA COELEBS

Buchfinken leben überall, wo Bäume wachsen, in Laub- und
Nadelwäldern, Gärten, Parks, Feldgehölzen und Alleen.
Sie gehören zu den häufigsten Vögeln in Mitteleuropa.

weiße Flügelbinden,
Schwanzseiten an der
Basis weiß, Schwanz
leicht gekerbt

Männchen im Prachtkleid:
15 cm lang, bunt gefärbt, weiße Schultern

Männchen im
Schlichtkleid:
matt oter Bauch,
brauner Scheitel

Weibchen: helles
Gesicht mit dunklem
Auge und Scheitel,
hellgrauer Bauch

Sie suchen ihre Nahrung überwiegend am Waldboden, im Herbst und Winter
gehören Bucheckern zu ihrer wichtigsten Nahrung. Daher ziehen Buchfinken im
September und Oktober aus ihren nördlichen Brutgebieten nach Mittel- und
Südeuropa, bevor der erste Schneefall die Nahrung unerreichbar macht. Auf
dem Zug und im Winterquartier sind sie häufig mit den ähnlichen Bergfinken
vergesellschaftet und sammeln sich allabendlich an gemeinsamen Schlafplätzen,
deren Größe über eine Million Vögel umfassen kann. ■

Kernbeißer 095

COCCOTHRAUSTES COCCOTHRAUSTES

Kernbeißer halten sich bevorzugt weit oben in den Kronen von Laubbäumen, besonders in Hainbuchen oder Rotbuchen, auf. Im Winter kommen sie öfter an den Waldboden und besuchen auch Futterhäuschen.

kurzer Schwanz
mit weißer Spitze

Weibchen: heller Schnabel,
blassere Färbung

Männchen im Pracht-
kleid: gewaltiger dunkler
Schnabel, großer Kopf,
schwarzes Lätzchen
und Maske

18 cm lang, orange-
braune Färbung,
grauer Nacken

weißes Flügelfeld,
blau glänzende
Flügelfedern

Mit ihrem mächtigen Schnabel können sie die steinharten Kerne von Kirschen knacken, im Mittelmeerraum knacken sie auch ähnlich harte Olivenkerne. Daneben stehen auch Früchte von Hainbuchen, Ahornarten und Buchen auf ihrem Speiseplan, im Frühling dann besonders Knospen und junge Blätter. Ihre lockeren Nester bauen sie hoch in Baumkronen. Oft brüten mehrere Paare dicht beieinander in losen Kolonien. ■

Gimpel, Dompfaff 096

PYRRHULA PYRRHULA

Gimpel bevorzugen dichtes Gestrüpp aus jungen Bäumen. Wegen ihrer leisen Rufe und des eher trägen Verhaltens sind sie trotz der bunten Farben unauffällig.

weißer Bürzel, breite, weiße Flügelbinde, schwarzer Schwanz

Weibchen: graubrauner Bauch und Wangen

Jungvogel: graubrauner Kopf

Männchen: 16 cm lang, kräftiger, stumpfer Schnabel, rosaroter Bauch und Wangen, glänzend schwarze Kappe, blaugrauer Rücken, schwarze Flügel mit weißer Binde

Im Herbst und Winter fressen Gimpel gerne die roten Früchte von Vogelbeeren und Mehlbeeren. Allerdings haben sie es dabei keineswegs auf das rote Fruchtfleisch abgesehen, das vielmehr durch Quetschen der Früchte zunächst vom Samen getrennt und dann weggeschleudert wird. Vielmehr fressen sie die kleinen Kerne der Früchte, die allerdings erst noch geschickt im Schnabel geschält werden. Im Frühling stehen dann besonders Knospen von Bäumen auf dem Speiseplan. ■

Grünfink, Grünling 097

CHLORIS CHLORIS

Grünfinken sind typische Vögel in Einfamilienhaussiedlungen. Das Nebeneinander aus Rasenflächen, Büschen und einzelnen Nadelbäumen kommt ihrem natürlichen Lebensraum nahe.

grüngelbe Felder auf Flügel, Schwanzseiten an Basis grün, Bürzel blassgrün, Schwanz tief gekerbt

Jungvogel: weißlich und kräftig gestreifter Bauch

Weibchen: bräunlich grün

Männchen: 15 cm lang, großer Kopf, gelbgrünes bis graues Gefieder, heller Schnabel, gelbes Flügelfeld

Im Winter streifen Grünfinken in teils großen Schwärmen oft gemeinsam mit anderen Finken umher und besuchen häufig auch Futterhäuschen, an denen sie gegenüber anderen Arten sehr dominant auftreten. Bereits in den Wintertrupps erfolgt die Paarbildung, die meist für eine Brutsaison anhält. Das Männchen präsentiert bei der Balz Grashalme und füttert das Weibchen mit hochgewürgter Nahrung. ∎

Girlitz 098

SERINUS SERINUS

Vom Mittelmeer aus haben Girlitze ihr Verbreitungsgebiet im 19. und 20. Jahrhundert bis nach Norddeutschland ausgedehnt. Die wärmeliebenden Vögel haben in unseren Städten und Dörfern eine neue Heimat gefunden.

leuchtend gelber Bürzel

Männchen: 11 cm lang, klein und kompakt, stumpfer Schnabel, gelbe Stirn und Kehle, Bauch kräftig gestreift, dünne Flügelbinden

Weibchen: Kopf gelblich bis schmutzig grau, Unterseite kräftig gestreift

Im Frühling tragen die Männchen ihren schnellen, klingelnden Gesang von hohen Warten wie Baumspitzen, Hausgiebeln oder Fernsehantennen vor. Oft versammeln sich mehrere Männchen in einer Art Arena. Der Gesang wird auch als auffälliger Singflug vorgetragen, bei dem der Vogel, sich von Seite zu Seite werfend, über das Revier fliegt und dabei ständig singt. ■

Stieglitz, Distelfink 099

CARDUELIS CARDUELIS

Mit ihrem spitzen Schnabel gelangen Stieglitze geschickt
an die Früchte von Disteln und anderen Korbblütlern.

goldgelber Flügelstreifen
und weißer Bürzel

13 cm lang, rotes
Gesicht, spitzer,
heller Schnabel,
schwarze Halskrause

Schwanz
gekerbt

Jungvogel:
Gesicht
einfarbig
gräulich

Außerhalb der Brutzeit sind Stieglitze sehr gesellig, zunächst im Familienver-
band mit den Jungvögeln, denen noch das charakteristische rote Gesicht fehlt,
und später in großen Trupps. Die Gemeinschaft bietet Schutz vor Feinden
wie Sperbern. Bei Störung fliegt der Trupp unter unzähligen *Sti-ge-lit*-Rufen
mit aufblitzenden goldgelben Flügelbinden auf. ■

Goldammer 💬100

EMBERIZA CITRINELLA

Auf den Spitzen dorniger Büsche sitzen im Frühjahr
die leuchtend gelben Männchen der Goldammer
und schmettern unentwegt ihre kurze Gesangsstrophe *di-di-di-di Zi-ty.*

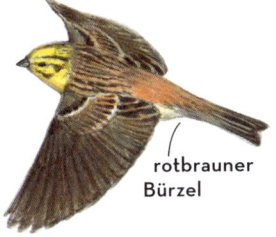

rotbrauner
Bürzel

Männchen: 16 cm lang, gelber
Kopf und Bauch, rotbraune Brust,
gestreifter Rücken

Weibchen: gelblicher
Kopf, kräftig gestreifter,
gelblicher Bauch

Je nach Region variiert der Gesang erheblich, selbst innerhalb Mitteleuropas
haben sich mehrere Dialekte ausgebildet, die sich besonders im Ende der
Strophe unterscheiden. Junge Goldammern lernen den Gesang im Sommer
von ihrem Vater und von Nachbarn und verändern ihn danach nicht mehr.
So erhalten sich die lokalen Variationen über viele Generationen. Die Männchen beherrschen innerhalb ihres Dialekts mehrere Varianten, je mehr, umso
attraktiver sind sie für Weibchen. ∎

Service

Service

Kontaktdaten von Institutionen, die sich für den Vogelschutz einsetzen

DDA – Dachverband Deutscher
Avifaunisten (DDA) e. V.
Geschäftsstelle
An den Speichern 2, 48157 Münster
dda-web.de

Naturschutzbund Deutschland
(NABU) e. V.
NABU-Bundesgeschäftsstelle
Charitéstr. 3, D-10117 Berlin
nabu.de

LBV – Landesbund für Vogelschutz
in Bayern e. V.
Eisvogelweg 1, D-91161 Hilpoltstein
lbv.de

BirdLife Österreich –
Gesellschaft für Vogelkunde
Museumsplatz 1/10/8,
A-1070 Wien, Österreich
birdlife.at

Schweizer Vogelschutz SVS/
BirdLife Schweiz
Wiedingstr. 78, CH-8036 Zürich
birdlife.ch

Bezugsquellen für Nisthilfen, Futter & Co.

— *gevo-gmbh.info*
— *lbv-shop.de*
— *nabu-shop.de*
— *naturschutzbedarf-strobel.de*
— *pauls-muehle.de*
— *schwegler-natur.de*
— *vivara.de*
— *welzhofer.eu/de/*

Bücher zum Weiterlesen

Barthel, P. H., Dougalis P. (2019):
Was fliegt denn da? Das Original.
Alle Vogelarten Europas.
200 Seiten, KOSMOS

Berthold, P., Mohr, G. (2017):
Vögel füttern – aber richtig. Das ganze Jahr füttern, schützen und sicher
bestimmen. 176 Seiten, KOSMOS

Dierschke, V. (2017): **Welcher Vogel
ist das?** Über 440 Vogelarten
Europas. 256 Seiten, KOSMOS

Khil, L. (2018): **Vögel Österreichs.**
390 Arten erkennen und beobachten.
368 Seiten, KOSMOS

Mischitz, V. (2019): **Birding für
Ahnungslose.** Wie du Vögel in dein
Leben lässt. 128 Seiten, KOSMOS

Schmid, U. (2018): **Welcher
Gartenvogel ist das?** 100 Arten
erkennen und beobachten.
192 Seiten, KOSMOS

Schmid, U. (2018):
Vögel – zwischen Himmel und Erde.
Reihe NaturZeit. Ein Buch zum
Schmökern. 240 Seiten, KOSMOS

Singer, D. (2019):
Was fliegt denn da? Der Fotoband.
346 Vogelarten Europas. 400 Seiten,
KOSMOS

Strauß, D. (2019): **Gartenvögel
lebensgroß:** Die 60 häufigsten
Vögel, einfache Bestimmung, mit
60 Rufen und Gesängen. KOSMOS

Svensson, L. et al (2018):
Der Kosmos-Vogelführer.
Alle Arten Europas, Nordafrikas
und Vorderasiens.
448 Seiten, KOSMOS

Weiß, F. (2019): **Unsere Vögel
und ihre Stimmen.**
224 Seiten, KOSMOS

Vogelstimmen auf CD und DVD
Bergmann, H.-H. & Engländer, W.
(2019): **Die Kosmos-Vogelstimmen-
Edition.** 220 Vögel, Filme und
Stimmen. 2 DVDs mit Begleitbuch.
184 Seiten, KOSMOS

Singer, D. (2018): **Alle Vögel sind
schon da.** 40 Vogelstimmen auf CD.
Mit Vogeluhr und Bestimmungshilfe
für draußen. KOSMOS

Viele Kosmos-Bücher (s. o.) sind
zudem auch mit der KOSMOS-
PLUS-App verbunden, mit der Sie
die Stimmen der Vögel im Buch
hören können.

KOSMOS-Apps
— Gartenvögel
— Vögel füttern und erkennen
— Der Kosmos-Vogelführer
— Vögel Europas bestimmen –
  Was fliegt denn da?

Zum Autor

Felix Weiß ist Biologe. Er lebt und
arbeitet in Husum, dem Tor zum
vogelreichen Nationalpark Schleswig-
Holsteinisches Wattenmeer. Die
heimische Vogelwelt begeistert ihn
seit seiner Kindheit und führt ihn in
die entlegensten Winkel Europas.
Sein besonderes Interesse gilt der
faszinierenden Welt der Seevögel.

Register

Impressum

Umschlaggestaltung Gramisci Editorial Design (Claudia Geffert), München unter Verwendung von zwei Illustrationen von Paschalis Dougalis/KOSMOS. Die Illustrationen zeigen einen Eisvogel *(Alcedo atthis – vorne)* und fliegende Habichte *(Accipiter gentilis – hinten)*.

Mit 201 Illustrationen von Paschalis Dougalis/KOSMOS und 7 Fotos von Holger Haag (S. 15), Frank Hecker (S. 10, 11, 12, 13) und Felix Weiß (S. 123).

Mit 100 Vogelstimmen von Jean C. Roché auf der KOSMOS-PLUS-App

Die doppelseitigen Kapitelaufmacher zeigen:
S. 2/3: Kraniche *(Grus grus)*
S. 18/19: Wiedehopf *(Upupa epops)*
S. 120/121: Mönchsgrasmücken *(Sylvia atricapilla)*

Unser gesamtes lieferbares Programm finden Sie unter **kosmos.de**.
Über Neuigkeiten informieren Sie regelmäßig unsere
Newsletter, einfach anmelden unter **kosmos.de/newsletter**.

Gedruckt auf chlorfrei gebleichtem Papier

© 2021, Franckh-Kosmos Verlags-GmbH & Co. KG,
Pfizerstraße 5-7, 70184 Stuttgart
Alle Rechte vorbehalten
ISBN: 978-3-440-17024-3
Redaktion: Heiko Fischer
Produktion: Markus Schärtlein
Layout, Satz und Klappengestaltung:
Claudia Adam Graphik-Design, Darmstadt
Druck und Bindung: Longo AG, Bozen
Printed in Italy/Imprimé en Italie

MIX
Papier aus verantwortungsvollen Quellen
FSC® C023164

Einfach Blumen
—— einfach bestimmen

128 Seiten, ca. €(D) 14,00

Dieser Naturführer bietet einen einfachen und optisch besonders schönen Zugang in die Welt der Blumen. Das Buch stellt 100 Blütenpflanzen vor, die in Deutschland heimisch sind – ganz übersichtlich mit einer Art pro Seite und bebildert mit wunderschönen Illustrationen von Marianne Golte-Bechtle und Roland Spohn. Alle wichtigen Merkmale sind direkt an der Farbzeichnung erklärt – mehr muss man nicht lesen, um eine Art sicher zu bestimmen. Die Zusatztexte bieten verblüffendes Spezialwissen, mit dem man für jeden Smalltalk gut gerüstet ist. Ein besonders liebevoll gemachtes Blumen-Bestimmungsbuch, das man immer wieder gern zur Hand nimmt.

kosmos.de

Ihre Themen
—— Unser Newsletter

Sie möchten regelmäßig aktuelle Neuigkeiten, Informationen und Angebote zum Thema Natur erhalten?

**Fundiert recherchiert —— Wissen aus der Praxis
Alles Wichtige auf einen Blick**

Dann melden Sie sich jetzt für unseren Newsletter an.

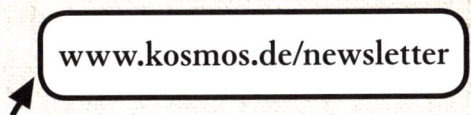

www.kosmos.de/newsletter

100 Vogelstimmen

Auf der Suche nach dem Ruf eines bestimmten Vogels?
Hier finden Sie den entsprechenden Nummerncode, um
die Stimme schnell in der KOSMOS-Plus-App aufzurufen.

001	Höckerschwan		026	Wasserralle
002	Graugans		027	Wachtelkönig
003	Nilgans		028	Austernfischer
004	Stockente		029	Kiebitz
005	Rebhuhn		030	Brachvogel
006	Wachtel		031	Bekassine
007	Jagdfasan		032	Rotschenkel
008	Haubentaucher		033	Lachmöwe
009	Basstölpel		034	Silbermöwe
010	Kormoran		035	Flussseeschwalbe
011	Rohrdommel		036	Straßentaube
012	Graureiher		037	Ringeltaube
013	Silberreiher		038	Türkentaube
014	Weißstorch		039	Schleiereule
015	Rotmilan		040	Uhu
016	Steinadler		041	Waldkauz
017	Seeadler		042	Waldohreule
018	Mäusebussard		043	Mauersegler
019	Habicht		044	Kuckuck
020	Sperber		045	Nachtschwalbe
021	Wanderfalke		046	Bienenfresser
022	Turmfalke		047	Eisvogel
023	Kranich		048	Wiedehopf
024	Teichhuhn		049	Halsbandsittich
025	Blässhuhn		050	Grünspecht